Alfred B. Gottwaldt · Das Berliner U- und S-Bahnnetz

Berlin, 1932

Alfred B. Gottwaldt

Das Berliner U- und S-Bahnnetz

Eine Geschichte in Streckenplänen von 1888 bis heute

transpress

Einbandgestaltung: Katja Draenert

Bildnachweis: Frontispiz Friedrich Seidenstücker, Bildarchiv Preußischer Kulturbesitz
Alle anderen Pläne und Fotos: Deutsches Technikmuseum Berlin
und Sammlung Alfred Gottwaldt

Umschlagbild: Das Netz der Berliner Hoch- und Untergrundbahnen am Ende der ersten
Ausbauphase nach dem Dezember 1930.

ISBN 978-3-613-71304-8

1. Auflage 2007

Sie finden uns im Internet unter
www.transpress.de

Innengestaltung: Cornelie Kister, Viktor Stern
Lithografien: LVD GmbH und Druckpunkt GmbH, Berlin
Druck und Bindung: Graspo, CZ 76302 Zlin
Printed in Czech Republic

Inhaltsverzeichnis

Hundekopf und Netzspinne. Das Berliner U- und S-Bahnnetz

Der »Berliner Verkehr« war einmal ein Begriff wie das »Berliner Tempo« oder das »Berliner Herz mit Schnauze«. In Romanen und Filmen ist die Fülle der Fahrzeuge und der Linien dokumentiert, die dem Gast im alten Berlin ein Rätsel war, dem echten Großstädter aber ein überlegenes Heimatgefühl lieferte: »Auskunft über die Verkehrsmittel geben jederzeit bereitwilligst die uniformierten Schutzleute, die auf den Straßen und Plätzen Posten stehen. Vom frühen Morgen bis lange nach Mitternacht kursieren die Stadtbahn, die Hoch- und Untergrundbahn, die Straßenbahnen, Omnibusse und Droschken. Die praktische und billigste Benutzung dieser Transportmittel erfordert eine gewisse Sachkenntnis, welche in den folgenden Abschnitten dem Fremden an die Hand gegeben wird«, bemerkte dazu »Griebens Reiseführer für Berlin und Umgebung« im Jahr 1910. Das ist hundert Jahre her.

Seitdem es Eisenbahnen gab, wuchs damit die Stadt nach dem eisernen Skelett der Schienen. Bis zur Jahrhundertwende bildete sich ein eigenes System der Berliner Stadt-, Ring- und Vorortbahnen aus, wie man es sonst nur noch in den anderen Hauptstädten der Welt fand. Viele Pferdebahnen und Straßenbahnen durchzogen mit ihrem Gleisnetz die Innenstadt, bald darauf ergänzt vom einzigartigen Streckengewirr der Hoch- und Untergrundbahnen. Experimente mit Dampfstraßenbahnen und Oberleitungs-Omnibussen faszinierten Fahrgäste und Zuschauer, und auch die Umstellung der Berliner S-Bahn auf elektrischen Betrieb beschäftigte den Metropolenbürger nach dem Ersten Weltkrieg. Im Rückblick fast unübersehbar ist der Wandel der Berliner Autobuslinien. Welche Plätze man mit ihnen von zu Hause am schnellsten erreichte, wo am günstigsten umzusteigen war, welcher Tarif galt und wann die ersten und letzten Züge am Tag rollten, darüber gaben die Kursbücher und Netzpläne genaue Auskunft. In Berlin hat sich für solche Übersichten, besonders bei der S-Bahn, der Ausdruck »Netzspinne« eingebürgert, denn wie ein Spinnennetz sahen damals die schematischen Darstellungen mit den verschiedenen Ringstrecken wohl aus. Auch das Wort vom »Hundekopf« war sehr populär, wenn die Pläne den Verlauf der Berliner Ringbahn in der Landschaft etwas genauer nachzeichneten.

Es ist nicht ohne Reiz, die alten Liniennetze zu betrachten: In der Abfolge der Jahre zeigen sie das Wachstum der verschiedenen Verkehrsträger mit der Eröffnung neuer Strecken und Bahnhöfe. Auch das Verschwinden bestimmter Techniken und Unternehmen ist abzulesen. Je nach Herkunft der Plandarstellung kann auf Wettbewerb oder Partnerschaft mit anderen Transportmitteln geschlossen werden, etwa zwischen der städtischen Berliner Verkehrs-Gesellschaft und der früheren Reichsbahndirektion Berlin.

Die Entwicklung der Verkehrsmittel in der deutschen Hauptstadt ist ein getreues Spiegelbild der Geschichte unseres Landes. Wachstum und Zerstörung sind vor allem in den Plänen aus den Jahren 1945, 1961 und 1989 deutlich sichtbar. Aber auch die zahlreichen Umbenennungen der Bahnhöfe bezeugen den Gang der Zeit, sind politische Heimatkunde in der Landkarte. Diese einzelnen Namensänderungen sind es neben den Eröffnungsdaten von neuen Strecken, die mitunter bei nicht genau bezeichneten »Netzspinnen« eine Bestimmung des Entstehungsjahres doch noch ermöglichen.

Utopien enthalten die historischen Streckenpläne in großer Zahl. Oft werden Linien als im Bau befindlich oder genehmigt vorgestellt, deren Realisierung bis heute ausgeblieben ist. Von der Siemens-Schwebebahn der Jahrhundertwende bis zur Magnetbahn von 1987 reicht hier das Spektrum, ganz zu schweigen von Albert Speers Planungen einer »Neugestaltung der Reichshauptstadt« nach 1937. Eisenbahnkarten sind eine Informations-, Planungs- und Entscheidungshilfe. Sowohl die Kunden der Verkehrsbetriebe wie auch die Mitarbeiter benutzen sie. Daher gibt es vom vereinfachten Netzplan-Schema für die Brieftasche bis zur riesigen Wandkarte viele verschiedene Berliner U- und S-Bahnpläne. Zur Wiedergabe sind in erster Linie solche Darstellungen ausgewählt worden, die sich zu ihrer Zeit jeweils an das Publikum gewendet haben. Als reizvoll erweist sich dabei auch, die graphischen Lösungen der einzelnen Epochen zu vergleichen.

Millionen von Netzplänen werden in jedem Fahrplanabschnitt gedruckt und verteilt, angeklebt und ausgehängt, aber auch weggeworfen und abgerissen. Wer kann schon ein Liniennetz vom vergangenen Jahr gebrauchen? Erst nach einiger Zeit regt sich wieder das Interesse an einer alten »Spinne«, etwa aus der Epoche vor dem Krieg oder vor dem Bau der Berliner Mauer. Jüngste Entwicklung: Gesucht sind Übersichten aus den beiden Stadthälften vor dem November 1989, die also die getrennten Nahverkehrsnetze in ihrem letzten Stadium zeigen, und auch die kurzlebigen Exemplare vom Winter 1989/90 mit dem Nachweis der zahlreichen Übergangsstellen und der wiedereröffneten Bahnhöfe von S- und U-Bahn im vormaligen Ost-Berlin.

»Man sollte nicht ohne neuesten Stadtplan in der Tasche aus dem Haus gehen in Berlin. Und wer noch einen alten besitzt, zum Beispiel jenen der ›Hauptstadt der DDR‹, in der Westberlin so weiß und unbebaut wie Nordgrönland eingetragen ist, der soll ihn gut aufbewahren. In zehn Jahren glaubt uns das nämlich keiner mehr, und es wird ein Reprint erscheinen müssen«, hat Heinz Knobloch 1992 unter dem Titel »Die schönen Umwege« geschrieben. Mit diesem Buch wird eine solche Sammlung historischer Gleis- und Netzpläne von Berliner Verkehrsmitteln aus der Zeit zwischen dem Dreikaiserjahr 1888 und dem Jahr der Hauptbahnhofseröffnung 2006 vorgelegt. Es kann keine detaillierte Entwicklungsgeschichte der einzelnen Unternehmen und Verwaltungen im Spiegel ihrer Eröffnungsdaten und Betriebslängen sein, aber es macht die hundertjährige Entwicklung im Berliner Verkehr anhand ausgewählter Beispiele nachvollziehbar. Die Archive der Berliner Verkehrs-Betriebe (BVG), der Deutschen Bahn AG (Rbd Berlin) und des Deutschen Technikmuseums Berlin enthalten eine Vielzahl von Beispielen zu diesem Thema; ihre Bestände konnten dankenswerterweise für diese Veröffentlichung genutzt werden.

Ein heute aktueller Plan des Berliner Schnellbahnnetzes ist hier noch nicht mit abgedruckt, obwohl in einigen Jahren auch er historisch bedeutend sein dürfte. Die Umbenennungen einzelner östlicher Stationen nach der Wiedervereinigung, die Inbetriebnahme des Südrings und weitere Lückenschlüsse sowie die jetzt überall durchgeführten Bauarbeiten lassen sich darauf gut erkennen. Auch der neue »Hauptbahnhof« ist gut darauf zu sehen.

Vielleicht wird mancher Leser ihn beim Betrachten dieses Buches vergleichend zu Rate ziehen und zögern, die moderne Netzspinne beim nächsten Fahrplanwechsel einfach wegzuwerfen: Sie sollte in diesen Band eingelegt werden.

Berliner Innenstadtplan mit Pferdebahnen, 1888

Bevor 1865 in Berlin die erste Pferdeeisenbahn von Charlottenburg zum Brandenburger Tor und weiter zum Kupfergraben in Betrieb ging, hatten in der Stadt bereits Sänften, Fiaker, Droschken sowie Torwagen (um 1800) und der Pferde-Omnibus (1847) den öffentlichen Nahverkehr teilweise bewältigt. Nach Gründung der »Großen Berliner Pferdeeisenbahn-Aktiengesellschaft« im Jahr 1871 entstand allmählich ein engmaschiges Netz, das 1895, vor dem Beginn seiner Elektrifizierung, 55 Pferdebahnlinien mit 364 Kilometern Strecke umfaßte. Im gleichen Jahr wurden 164 Millionen Fahrgäste befördert. Der Übersichtsplan aus »Baedeker's Berlin und Umgebungen« von 1889 hat die einzelnen Linien in den Farben abgedruckt, die von den Wagen damals als Signalscheiben und Laternen geführt wurden. Statt des nicht verwendbaren Farbtons »Weiß« ist im Plan aber »Blau« benutzt worden. Punktierte Linien bedeuten zweifarbige Fahnenschilder, Signalscheiben oder Laternen an den Wagen. Seine beigedruckten Zahlen waren keine Liniennummern. Die beiden Fotografien sind in der Zeit um die vorletzte Jahrhundertwende entstanden, als Pferdebahnen und elektrische Straßenbahnen noch gleichzeitig fuhren. Der von Pferdebahnen belebte Moritzplatz mit der Prinzenstraße in Kreuzberg und das Hallesche Tor mit dem Belle-Alliance-Platz (Mehringplatz) und der Friedrichstraße sind heute nicht mehr wiederzuerkennen. 1902 wurde die letzte innerstädtische Pferdebahnlinie in Berlin schon feierlich eingestellt.

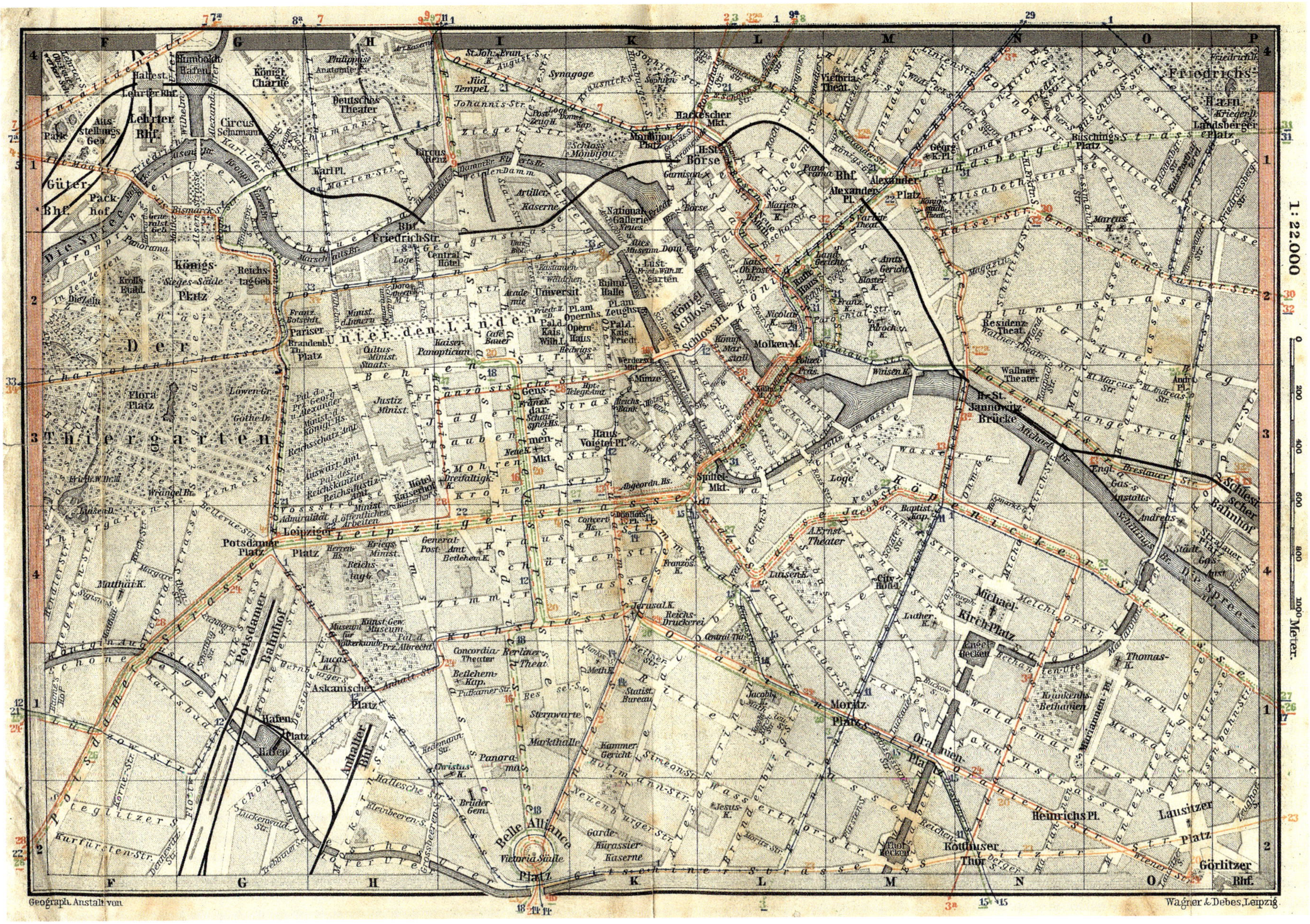

Geograph. Anstalt von
Wagner & Debes, Leipzig
1: 22.000
Meter
Friedrichs-Hain
Landsberger Platz
Humboldt-Hafen
Lehrter Bhf.
Königl. Charité
Deutsches Theater
Güter-Bhf.
Packhof
Die Spree
Königs-Platz
Reichstag-Geb.
Der Thiergarten
Flora-Platz
Pariser Platz
Brandenb. Thor
Unter den Linden
Universit.
Bhf. Friedrich-Str.
Börse
Alexander-Platz
Alexander Pl. Bhf.
Königl. Schloss
Schloss-Pl.
Molken-M.
Gens-d'armen-Mkt.
Haus-Voigtei-Pl.
Leipziger Platz
Potsdamer Platz
Leipziger Strasse
Potsdamer Bahnhof
Askanische Platz
Anhalter Bhf.
Hafen-Platz
Belle Alliance Platz
Markthalle
Sternwarte
Moritz-Platz
Oranien-Platz
Michael-Kirch-Platz
Heinrichs Pl.
Lausitzer Platz
Görlitzer Bhf.
Schlesischer Bahnhof
Jannowitz-Brücke
Wallner-Theater
Residenz-Theat.
Kottbuser Thor
Thomas-K.
Victoria-Theat.
Hackescher Mkt.
Monbijou-Platz
Circus Renz
Circus Schumann
Artillerie-Kaserne
National Gallerie
Synagoge
Kaiser-Panopticum
Justiz Minist.
Concordia-Theater
Panorama
Garde-Kürassier-Kaserne

Eisenbahn-Direktionskarte Berlin, 1896

Als erste Eisenbahnstrecke in Berlin wurde 1838 die Potsdamer Bahn eröffnet. Es folgten Strecken nach Anhalt (1841), nach Stettin (1842), nach Frankfurt an der Oder (1842) und nach Hamburg (1846). Zur Erleichterung des durchgehenden Güter- und Militärverkehrs wurden ihre Bahnhöfe in Berlin 1851 durch die alte »Verbindungsbahn« vernetzt. Neue Strecken kamen hinzu – nach Görlitz (1866), nach Küstrin (1867), nach Lehrte (1871), nach Dresden (1875), nach Stralsund (1877) und nach Wetzlar (1879). Zur besseren Verbindung dieser Linien in Berlin wurde 1871 der östliche Teil der Ringbahn geschaffen, 1877 ihr westlicher Teil. Auf diesen Gleisen und auf dem Lokalgleispaar der 1882 eröffneten Stadtbahnstrecke entwickelte sich bald ein ausgeprägter Ortsverkehr. Zusätzliche Bahnhöfe (wie Tiergarten und Savignyplatz) wurden angelegt. Als erste eigene Vorortbahn wurde neben einer bestehenden Fernbahn 1891 die Neue Wannseebahn vom Potsdamer Bahnhof in Berlin nach Zehlendorf gebaut; gleichzeitig wurde ein ermäßigter Zonentarif für die Stadt-, Ring- und Vorortbahnen eingeführt. 1895 ist die Königliche Eisenbahndirektion Berlin neu bestimmt worden, um den wachsenden Bahnverkehr in der Kaiserstadt zu organisieren. Die Abbildungen zeigen einen typischen Stadtbahnzug der Jahrhundertwende am Savignyplatz, außerdem den ersten elektrischen Probezug für die Wannseebahn von 1900. Plan aus »Berlin und seine Eisenbahnen« von 1896.

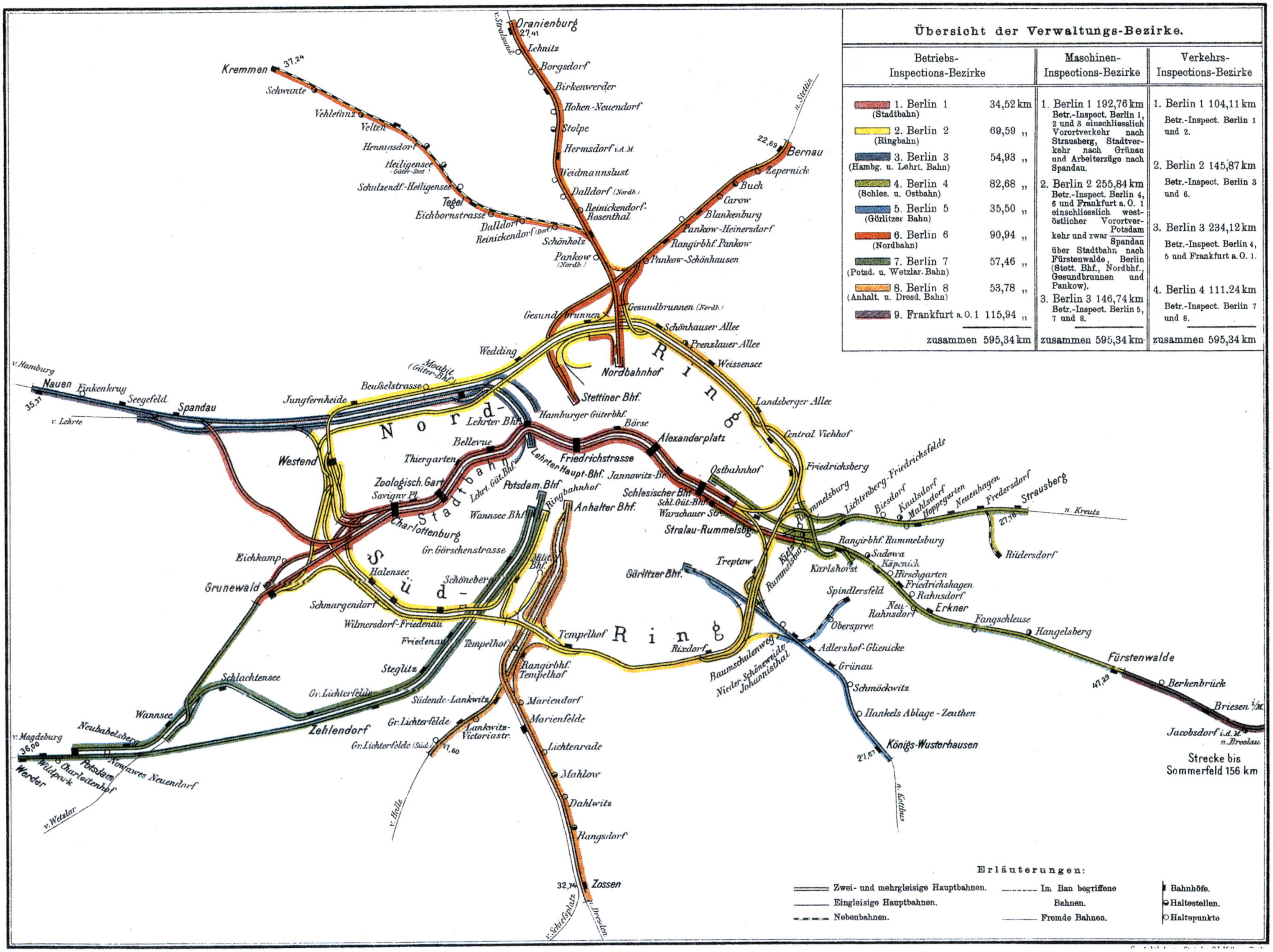

Übersicht der Verwaltungs-Bezirke.

Betriebs-Inspections-Bezirke		Maschinen-Inspections-Bezirke	Verkehrs-Inspections-Bezirke
1. Berlin 1 (Stadtbahn)	34,52 km	1. Berlin 1 192,76 km Betr.-Inspect. Berlin 1, 2 und 3 einschliesslich Vorortverkehr nach Strausberg, Stadtverkehr nach Grünau und Arbeiterzüge nach Spandau.	1. Berlin 1 104,11 km Betr.-Inspect. Berlin 1 und 2.
2. Berlin 2 (Ringbahn)	69,59 „		
3. Berlin 3 (Hambg. u. Lehrt. Bahn)	54,93 „		2. Berlin 2 145,87 km Betr.-Inspect. Berlin 3 und 6.
4. Berlin 4 (Schles. u. Ostbahn)	82,68 „	2. Berlin 2 255,84 km Betr.-Inspect. Berlin 4, 6 und Frankfurt a. O. 1 einschliesslich west-östlicher Vorortverkehr und zwar Potsdam / Spandau über Stadtbahn nach Fürstenwalde, Berlin (Stett. Bhf., Nordbhf., Gesundbrunnen und Pankow).	
5. Berlin 5 (Görlitzer Bahn)	35,50 „		3. Berlin 3 234,12 km Betr.-Inspect. Berlin 4, 5 und Frankfurt a. O. 1.
6. Berlin 6 (Nordbahn)	90,94 „		
7. Berlin 7 (Potsd. u. Wetzlar. Bahn)	57,46 „		
8. Berlin 8 (Anhalt. u. Dresd. Bahn)	53,78 „	3. Berlin 3 146,74 km Betr.-Inspect. Berlin 5, 7 und 8.	4. Berlin 4 111,24 km Betr.-Inspect. Berlin 7 und 8.
9. Frankfurt a. O. 1	115,94 „		
zusammen	595,34 km	zusammen 595,34 km	zusammen 595,34 km

Bahnen in Berlin und Umgebung, 1898

Der Plan aus dem »Eisenbahn- und Verkehrs-Atlas« von Dr. W. Koch und C. Opitz (2. Auflage) enthält neben den zahllosen Gleisen der Kgl. Eisenbahndirektion Berlin (Kennzahl 9 b) und der Kgl. Militär-Eisenbahn (Kennzahl 6) einen Rest der alten Verbindungsbahn aus dem Jahr 1851 vom Schlesischen Güterbahnhof zu den Gasanstalten in der Gitschiner Straße, die teilweise noch bis 1927 in Benutzung stand. Berlin ist mit der bis 1920 geltenden Stadtgrenze markiert, denn Charlottenburg, Rixdorf, Spandau und andere waren selbständige Städte. Mit der Kennzahl 17 a ist die »Berliner Dampfstraßenbahn« eingezeichnet, die seit 1886 aufgebaut wurde. Diese Bahn gehörte zum Konsortium des Kleinbahn-Unternehmens von Bachstein. Man hoffte, mit Straßenbahnlokomotiven und Dampftriebwagen weiter und schneller zu fahren als mit der Pferdebahn, doch in Berlin selbst war wegen der Brandgefahr keine Konzession möglich. Anders in den westlichen Vororten. Ein Kursbuch nennt die Strecken vom Zoologischen Garten zur Wilhelmsaue und zum Landhaus im Grunewald sowie vom Nollendorfplatz zur Wilhelmsaue und von dort nach Schmargendorf. Auf ihrer Strecke durch die Uhlandstraße verkehrten aber Pferdebahnwagen. In den Jahren 1899/1900 wurde dieses Netz weitgehend auf elektrischen Straßenbahnbetrieb umgestellt. Die Fotografien zeigen einen Dampftriebwagen neben einem Pferdeomnibus, 1897 nahe dem Wittenbergplatz, und die Seitenansicht eines Dampfwagens jener Zeit.

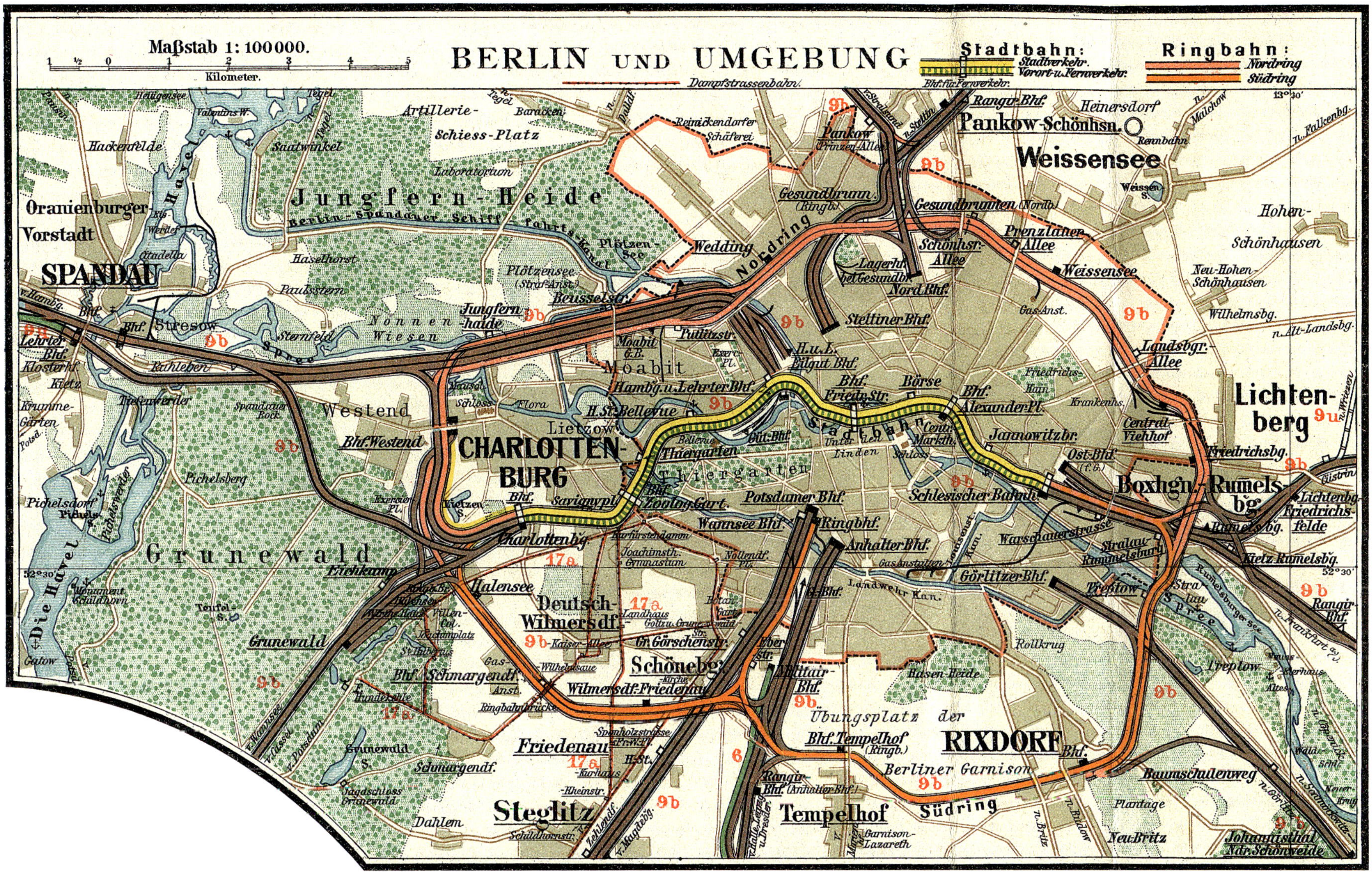

BERLIN UND UMGEBUNG
Maßstab 1:100000.
Kilometer.
Stadtbahn:
Stadtverkehr.
Vorort-u. Fernverkehr.
Ringbahn:
Nordring
Südring
Dampfstrassenbahn.
SPANDAU
Oranienburger-Vorstadt
Jungfern-Heide
Artillerie-Schiess-Platz
Berlin-Spandauer Schiffahrts-Kanal
Plötzensee
Nonnen Wiesen
Spree
Westend
Bhf. Westend
CHARLOTTEN-BURG
Grunewald
Pichelsberg
Die Havel
Moabit
Thiergarten
Nordring
Stadtbahn
Wedding
Pankow-Schönhsn.
Weissensee
Lichten-berg
Boxhgn.-Rumels-bg.
Rixdorf
Tempelhof
Steglitz
Friedenau
Schöneberg
Deutsch-Wilmersdf.
Halensee
Südring
Treptow
Stettiner Bhf.
Potsdamer Bhf.
Anhalter Bhf.
Görlitzer Bhf.
Schlesischer Bahnh.
Alexander Pl.
Börse
Bhf. Friedr. Str.
Jannowitzbr.
Bhf. Zoolog. Gart.
Savignypl.
Hamburg. u. Lehrter Bhf.
Gesundbrunnen
Schönhsr.-Allee
Prenzlauer Allee
Landsbgr. Allee
Central-Viehhof
Ost-Bhf.
Warschauerstrasse
Bhf. Tempelhof
Übungsplatz der Berliner Garnison
Hasen-Heide
Baumschulenweg
Dahlem

Hoch- und Untergrundbahn zu Berlin, 1902

Mit diesem detaillierten Stadtplan aus der »Zeitschrift des Vereins deutscher Ingenieure« von 1902 beginnt ein neues Kapitel der Berliner Verkehrsgeschichte: Als fünfte europäische Metropole nach London, Budapest, Glasgow und Paris erhielt Berlin eine elektrische Untergrundbahn. Nach langer Vorbereitung durch Siemens & Halske begann der Bau 1896. Auftakt der öffentlichen Inbetriebnahme der Bahn war am 15. Februar 1902 eine »Ministerfahrt« auf der fünf Kilometer langen Strecke vom Stralauer Tor bis zum Potsdamer Platz; drei Tage darauf begann der Verkehr für alle. Am 11. März 1902 ging der Zweig vom Potsdamer Platz zum Zoologischen Garten in Betrieb. Ab 17. August wurde die Warschauer Brücke angefahren, ab 14. Dezember 1902 das »Knie« (Ernst-Reuter-Platz) in Charlottenburg. Damit waren 11 213 Meter Betriebslänge vorhanden. 22 Wagen 2. Klasse und 42 Wagen 3. Klasse standen anfangs zur Verfügung, 596 Menschen arbeiteten 1902 bei der Hochbahngesellschaft. Der Alexanderplatz war 1913 erreicht, der Wilhelmplatz in Charlottenburg bereits 1906. Am Gleisdreieck wurde erst 1912 ein eigener Kreuzungsbahnhof erbaut, nachdem sich dort 1908 das bekannte Hochbahnunglück ereignet hatte. Die Karte läßt auch die sogenannte »Flachbahn« erkennen, eine zur Hochbahngesellschaft gehörende Straßenbahnlinie von der Warschauer Brücke zum Zentralviehhof, die seit 1. Oktober 1901 verkehrte. Später kam eine Flachbahnstrecke von der Warschauer Brücke nordwärts bis nach Lichtenberg hinzu.

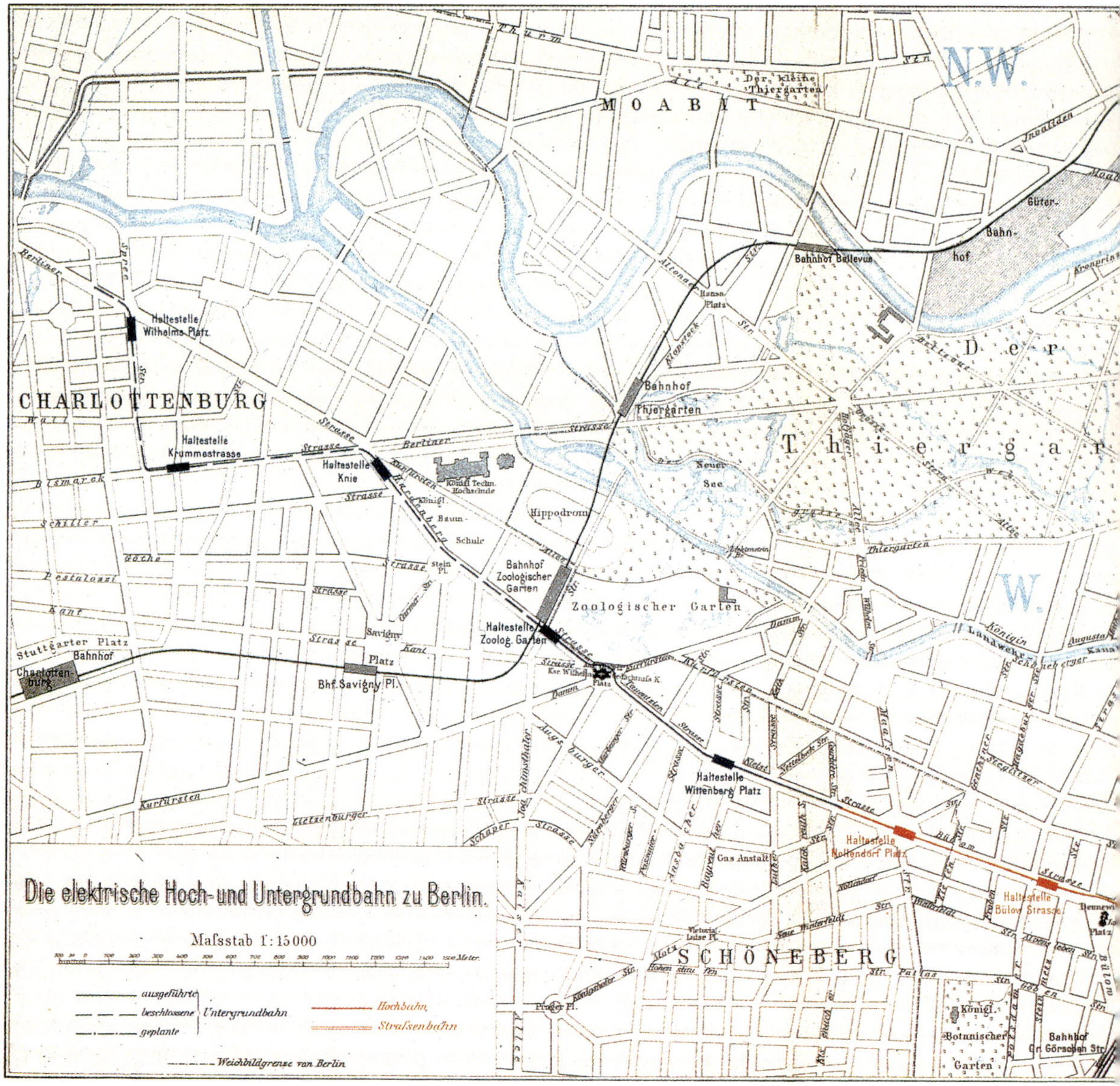

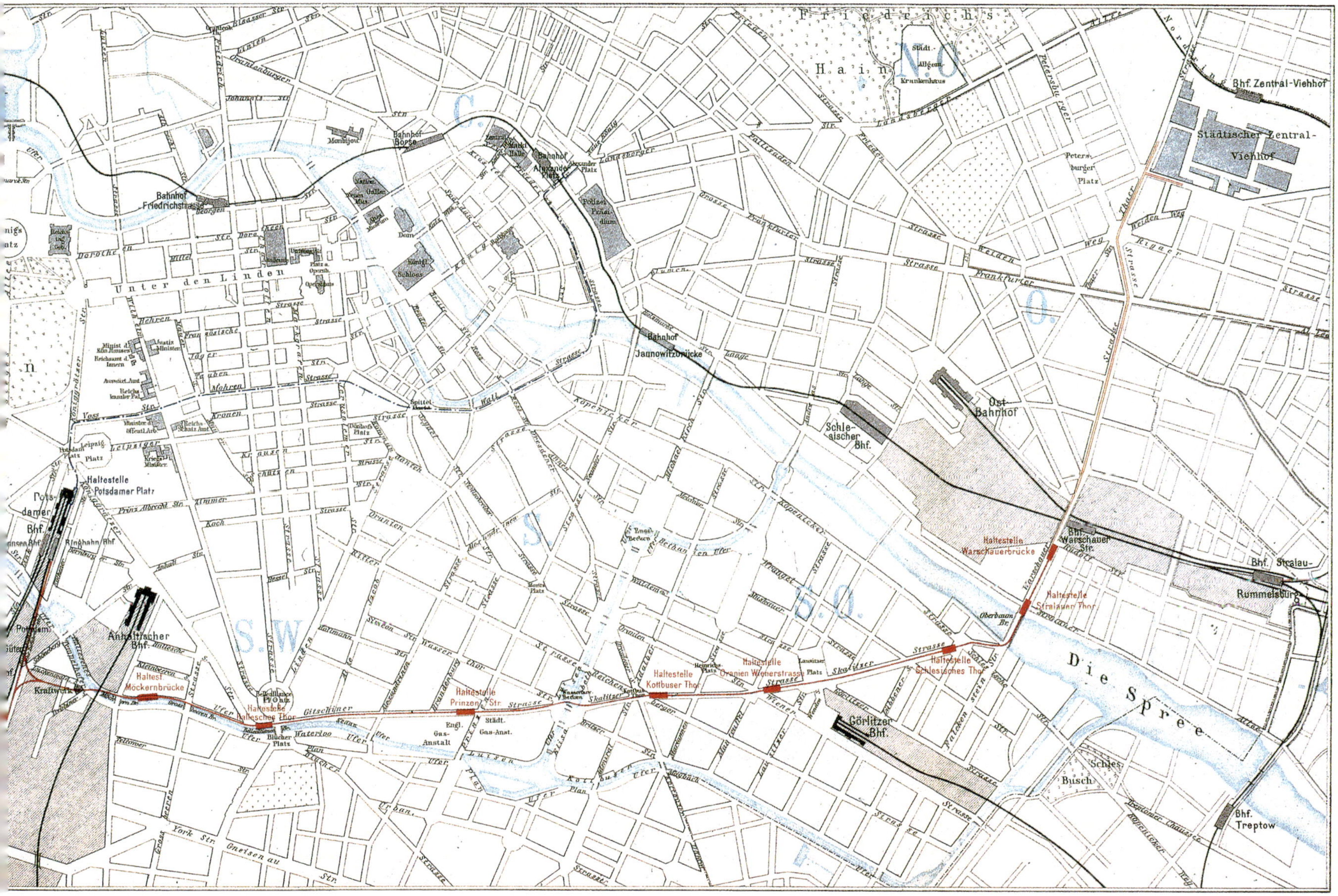
Friedrichs
Hain
N.O.
Städt. Allgem. Krankenhaus
Bhf. Zentral-Viehhof
Städtischer Zentral-Viehhof
Petersburger Platz
Bahnhof Börse
Monbijou
Bahnhof Alexander Platz
Polizei Präsidium
Bahnhof Friedrichstrasse
Dom
Königl. Schloss
Unter den Linden
Bahnhof Jannowitzbrücke
Ost-Bahnhof
Schlesischer Bhf.
Haltestelle Potsdamer Platz
Potsdamer Bhf.
Ringbahn Bhf.
Anhaltischer Bhf.
Haltest. Möckernbrücke
Kraftwerk
Haltestelle Hallesches Thor
Haltestelle Prinzen Str.
Haltestelle Kottbuser Thor
Haltestelle Oranien Wienerstrasse
Haltestelle Schlesisches Thor
Haltestelle Warschauerbrücke
Bhf. Warschauer Str.
Haltestelle Stralauer Thor
Oberbaum Br.
Bhf. Stralau-Rummelsburg
Görlitzer Bhf.
Die Spree
Schles. Busch
Bhf. Treptow
S.W.
S.O.
Blücher Platz
Waterloo
Engl. Gas-Anstalt
Städt. Gas-Anst.

Eisenbahnnetz von Groß-Berlin, 1910

Obwohl die Gesamtgemeinde »Groß-Berlin« aus der Verschmelzung mit 7 Städten, 59 Landgemeinden und 27 Gutsbezirken erst 1920 entstanden ist, lagen schon lange Pläne vor, den großen Wirtschaftsraum auch einheitlich zu verwalten. Das Eisenbahnnetz von Berlin, zuletzt um die beiden kleinen Fernstrecken nach Kremmen (1893) und nach Wriezen (1898) erweitert, bildete hierbei in gewisser Weise das Vorbild. Viel Wert legt die Kartendarstellung aus dem Buch »Das deutsche Eisenbahnwesen der Gegenwart« von 1911 auf die Abbildung von besonderen Stadt- und Vorortgleisen, die mittlerweile neben den meisten Fernstrecken vorhanden waren. Einige Aufmerksamkeit verdienen auch die zahlreich geplanten elektrischen Hoch- und Untergrundbahnen der Zeit. Bereits 1907 hatte es den städtebaulichen »Wettbewerb Groß-Berlin« gegeben, in welchem mehrere Ingenieure außerdem einen Nord-Süd-Fernbahntunnel vorschlugen. Der Plan von Albert Sprickerhof aus Grunewald wurde damals zum Höchstpreis angekauft und 1910 in der »Städtebauausstellung« gezeigt. Er sah den Abriß von Anhalter, Potsdamer und Lehrter Bahnhof vor, deren Aufgaben der Tunnel im Tiergarten mit Zentralbahnhof, Nord- und Südbahnhof übernehmen sollte. Die Modernität dieses Projekts wird von den aktuellen Eisenbahnplanungen für Berlin unter Beweis gestellt. Die Abbildung ist dem Jahrgang 1910 der Zeitschrift »Glasers Annalen für Gewerbe und Bauwesen« entnommen.

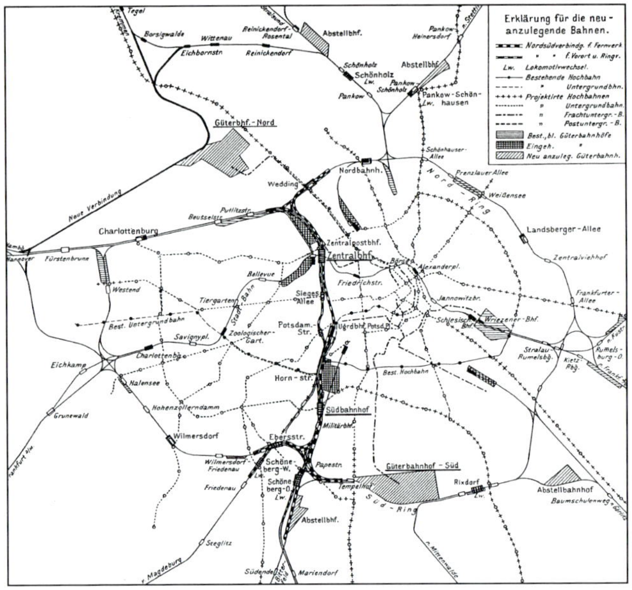

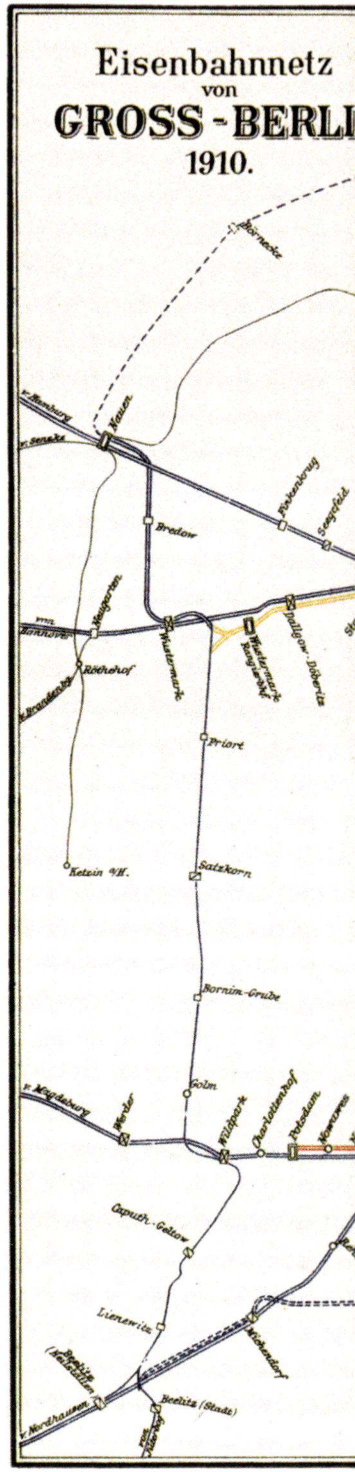

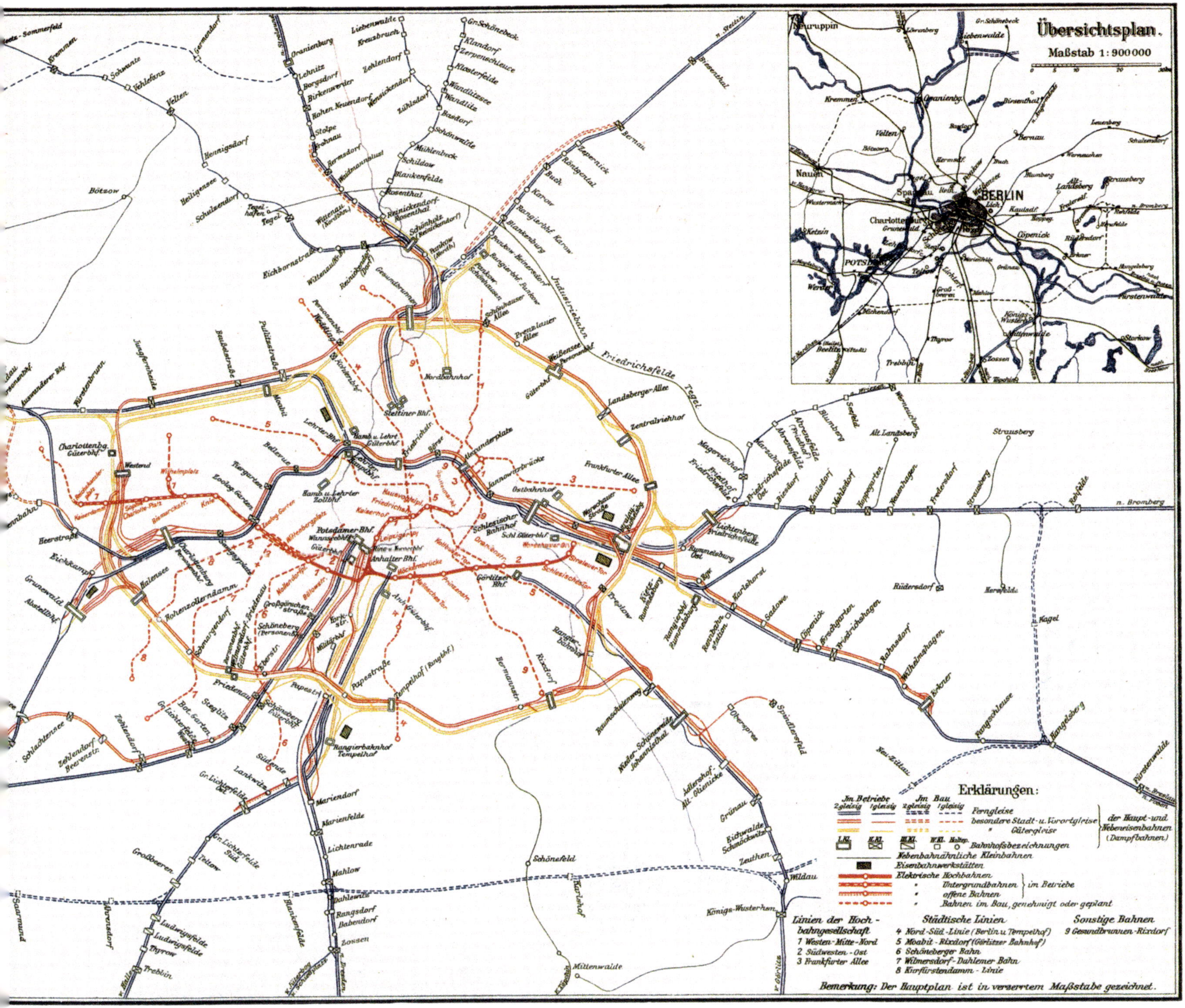
Übersichtsplan.
Maßstab 1 : 900 000
Erklärungen:
Jm Betriebe 2gleisig 1gleisig
Jm Bau 2gleisig 1gleisig
Ferngleise
besondere Stadt- u. Vorortgleise
Gütergleise
der Haupt- und Nebeneisenbahnen (Dampfbahnen)
Bahnhofsbezeichnungen
Nebenbahnähnliche Kleinbahnen
Eisenbahnwerkstätten
Elektrische Hochbahnen
Untergrundbahnen
offene Bahnen
im Betriebe
Bahnen im Bau, genehmigt oder geplant
Linien der Hochbahngesellschaft
1 Westen-Mitte-Nord
2 Südwesten-Ost
3 Frankfurter Allee
Städtische Linien
4 Nord-Süd-Linie (Berlin u. Tempelhof)
5 Moabit-Rixdorf (Görlitzer Bahnhof)
6 Schöneberger Bahn
7 Wilmersdorf-Dahlemer Bahn
8 Kurfürstendamm-Linie
Sonstige Bahnen
9 Gesundbrunnen-Rixdorf
Bemerkung: Der Hauptplan ist in verzerrtem Maßstabe gezeichnet.

Berliner Stadt-, Ring- und Vorortverkehr, 1912

Informative Schilder wie dieses Objekt aus der »Blechemailfabrik Jena« hingen im Juli 1912, aber auch noch bis 1928 in jedem Abteilwagen der Dampfzüge auf den Stadt-, Ring- und Vorortbahnen Berlins. Sie dienten mit ihrem topografischen Stadtbild der Orientierung des Fahrgastes, gaben in erster Linie aber den Geltungsbereich des ermäßigten Vororttarifs auf den Schienen der Eisenbahndirektion Berlin an. Deshalb sind darauf der Anhalter Bahnhof und der Stettiner Bahnhof als Stationen des Fernverkehrs nur klein und unbedeutend dargestellt. Dagegen erscheint breit der Potsdamer Bahnhof mit seinen drei Teilen, denn dessen Ferngleise wurden von den durchlaufenden »Bankierzügen« für wohlhabende Abonnenten aus dem Berliner Südwesten befahren. Da es noch keinen Tarifverbund gab, fehlen Angaben zu Hoch- und Untergrundbahnen gänzlich. Als damals wichtigste Baumaßnahme ist die »Friedhofsbahn« von Wannsee nach Stahnsdorf am neuen Südwestfriedhof zu nennen, welche am 3. Juni 1913 in Betrieb gehen sollte. Die beiden kleineren Karten auf dieser Seite verweisen nochmals auf die Geschichte der Berliner Eisenbahnstrecken im 19. Jahrhundert. Oben die älteste Linie der »Verbindungsbahn« zwischen den alten Kopfbahnhöfen für Güterwagen und Militärtransporte, die von 1851 bis 1871 in Betrieb war. Sie ging zu ebener Erde an den Haupttoren der Stadtmauer vorüber. Darunter die in zwei Abschnitten 1871 und 1877 eröffnete jüngere »Ringbahn«, die in weitem Bogen um die Stadt herum geführt und auch für den Personenverkehr gedacht war.

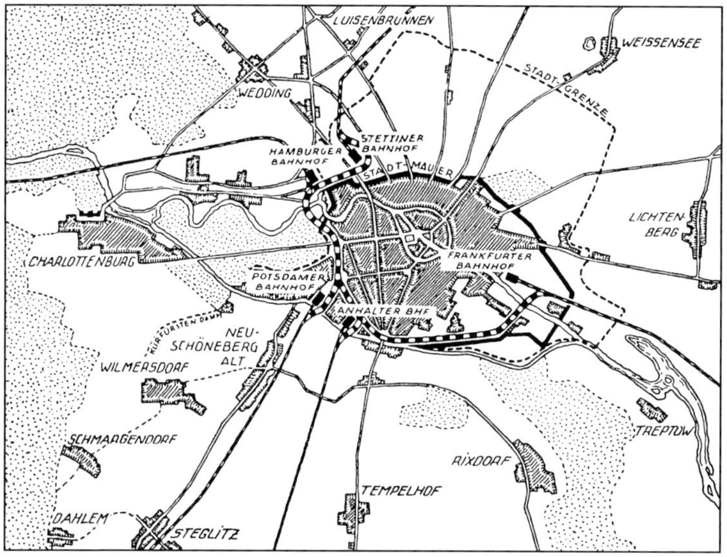

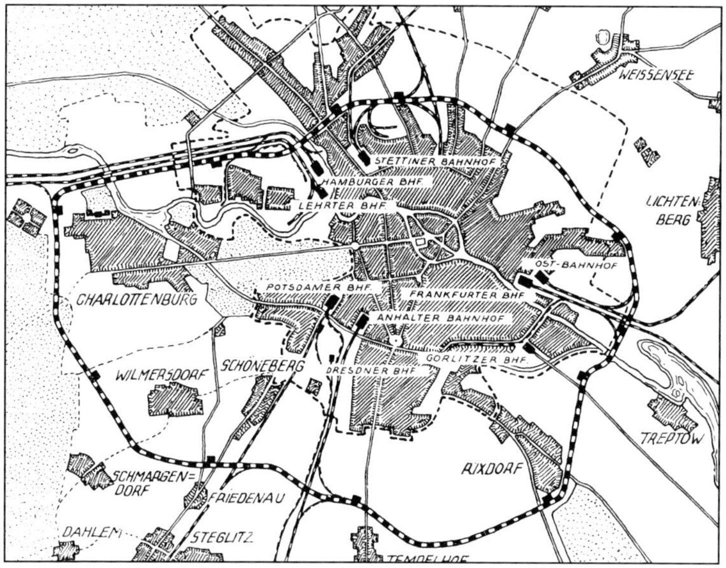

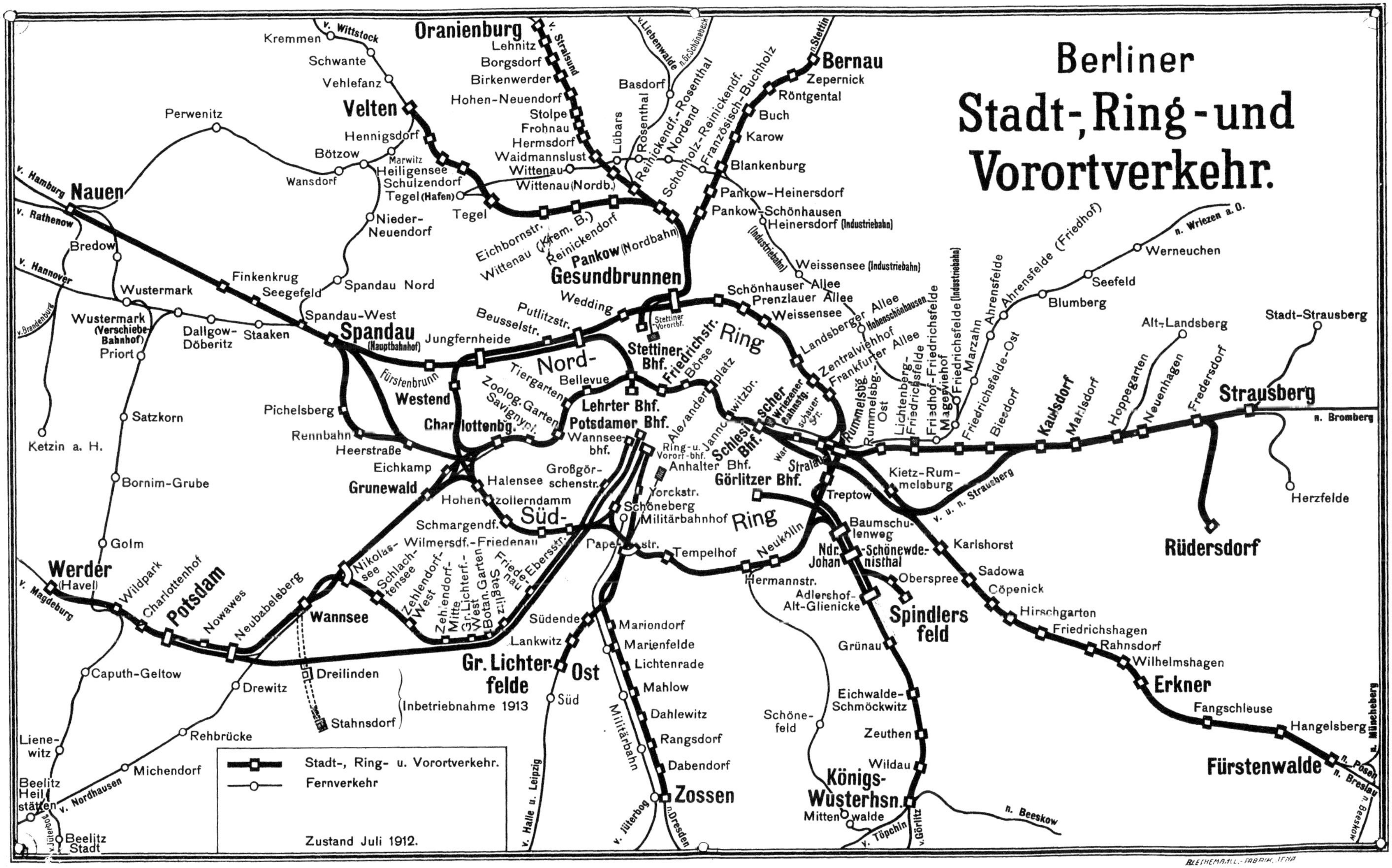
Berliner
Stadt-, Ring- und
Vorortverkehr.
Oranienburg
Lehnitz
Borgsdorf
Birkenwerder
Hohen-Neuendorf
Stolpe
Frohnau
Hermsdorf
Waidmannslust
Wittenau
Wittenau (Nordb.)
Kremmen
Schwante
Vehlefanz
Velten
Hennigsdorf
Bötzow
Marwitz
Heiligensee
Schulzendorf
Tegel (Hafen)
Tegel
Nieder-Neuendorf
Perwenitz
Wansdorf
Nauen
Bredow
Wustermark
Wustermark (Verschiebe-Bahnhof)
Priort
Dallgow-Döberitz
Staaken
Finkenkrug
Seegefeld
Spandau Nord
Spandau-West
Spandau (Hauptbahnhof)
Jungfernheide
Satzkorn
Ketzin a. H.
Bornim-Grube
Golm
Werder (Havel)
Wildpark
Charlottenhof
Potsdam
Nowawes
Neubabelsberg
Wannsee
Caputh-Geltow
Drewitz
Dreilinden
Stahnsdorf
Inbetriebnahme 1913
Rehbrücke
Michendorf
Lienewitz
Beelitz Heilstätten
Beelitz Stadt
v. Hamburg
v. Rathenow
v. Hannover
v. Brandenburg
v. Magdeburg
v. Nordhausen
v. Jüterbog
v. Wittstock
v. Stralsund
v. Liebenwalde
n. Gr. Schönebeck
n. Stettin
Bernau
Zepernick
Röntgental
Buch
Karow
Blankenburg
Basdorf
Lübars
Rosenthal
Reinickendf.-Rosenthal
Nordend
Schönholz-Reinickendf.
Französisch-Buchholz
Pankow-Heinersdorf
Pankow-Schönhausen
Heinersdorf (Industriebahn)
Weissensee (Industriebahn)
Eichbornstr.
Wittenau (Krem. B.)
Reinickendorf
Pankow (Nordbahn)
Gesundbrunnen
Wedding
Putlitzstr.
Beusselstr.
Stettiner Vorortbf.
Stettiner Bhf.
Schönhauser Allee
Prenzlauer Allee
Weissensee
Landsberger Allee
Hohenschönhausen
Zentralviehhof
Frankfurter Allee
Ring
Nord-
Fürstenbrunn
Westend
Pichelsberg
Rennbahn
Heerstraße
Eichkamp
Grunewald
Charlottenbg.
Tiergarten
Bellevue
Zoolog. Garten
Savignypl.
Lehrter Bhf.
Friedrichstr.
Börse
Alexanderplatz
Jannowitzbr.
Schles. Bhf.
Schlesischer Bhf.
Wriezener Bahnsteig
Warschauer Str.
Stralau
Potsdamer Bhf.
Wannsee-bhf.
Ring- u. Vorort-bhf.
Anhalter Bhf.
Görlitzer Bhf.
Großgörschenstr.
Halensee
Hohenzollerndamm
Süd-
Ring
Schmargendf.
Wilmersdf.-Friedenau
Nikolassee
Schlachtensee
Zehlendorf-West
Zehlendorf-Mitte
Gr. Lichterf.-West
Botan. Garten
Steglitz
Friedenau
Ebersstr.
Yorckstr.
Schöneberg
Militärbahnhof
Papestr.
Tempelhof
Neukölln
Hermannstr.
Treptow
Rummelsbg.
Rummelsbg. Ost
Lichtenberg-Friedrichsfelde
Friedrichsfelde
Magerviehhof
Marzahn
Ahrensfelde
Ahrensfelde (Friedhof)
Friedrichsfelde-Ost
Biesdorf
Kaulsdorf
Mahlsdorf
Hoppegarten
Neuenhagen
Fredersdorf
Strausberg
Stadt-Strausberg
Alt-Landsberg
Herzfelde
Rüdersdorf
n. Bromberg
n. Wriezen a. O.
Werneuchen
Seefeld
Blumberg
Kietz-Rummelsburg
v. u. n. Strausberg
Baumschulenweg
Ndr. Schönewde.-Johannisthal
Oberspree
Adlershof-Alt-Glienicke
Spindlersfeld
Karlshorst
Sadowa
Cöpenick
Hirschgarten
Friedrichshagen
Rahnsdorf
Wilhelmshagen
Erkner
Fangschleuse
Hangelsberg
Fürstenwalde
n. Müncheberg
n. Posen
n. Breslau
n. Beeskow
Grünau
Eichwalde-Schmöckwitz
Zeuthen
Wildau
Königs-Wusterhsn.
Mittenwalde
n. Beeskow
v. Töpchin
v. Görlitz
Schönefeld
Südende
Lankwitz
Gr. Lichterfelde
Ost
Süd
Mariendorf
Marienfelde
Lichtenrade
Mahlow
Dahlewitz
Rangsdorf
Dabendorf
Zossen
Militärbahn
v. Halle u. Leipzig
v. Jüterbog
n. Dresden
Stadt-, Ring- u. Vorortverkehr.
Fernverkehr
Zustand Juli 1912.

Betriebsnetz der Berliner Hoch- und Untergrundbahnen, 1917

Nicht jede einzelne Karte in diesem Buch war zum Zeitpunkt ihrer Entstehung für die Öffentlichkeit bestimmt. Viele Blätter dienten in erster Linie der Information von Fachleuten und Mitarbeitern. Hier wird die Ausrüstung von Strecken der Hoch- und Untergrundbahn mit dem selbsttätigen Signalsystem dargestellt, das nach Ideen des Geheimen Baurats Dr. Gustav Kemman eingerichtet wurde. Während man zuvor auf den mechanischen »Handblock« der Zugfahrten vertraut hatte, war 1913 eine versuchsweise Ausrüstung von Strecken der Berliner Hoch- und Untergrundbahn mit selbsttätigen Blocksignalen in Angriff genommen worden. Zunächst lieferte Westinghouse die benötigten Apparate, doch ging die Lieferung infolge des Ersten Weltkriegs auf Siemens & Halske über. Auch die 1917 im Bau befindliche Nordsüdbahn von Seestraße nach Hermannplatz sollte von Anfang an damit ausgestattet werden. Die Karte unterscheidet die einzelnen Eigentümer der U-Bahn-Strecken (Hochbahngesellschaft von Siemens, Stadt Berlin oder AEG) und nennt die Namen der einzelnen Strecken. Sie läßt ferner manches Projekt jener Zeit erkennen, so die Route von Moabit zum Görlitzer Bahnhof oder nicht in die Tat umgesetzte Namensvorschläge für Untergrundbahnhöfe. Auf dem oberen Bild ist der Bahnhof Schlesisches Tor mit einem Wagen des Typs A I von 1901/02 zu erkennen, neben dem ein dunkelhäutiger Schaffner steht. Das untere Bild zeigt einen typischen Dreiwagenzug der Anfangsjahre auf dem Viadukt am Landwehrkanal um 1910, wo sich heute das Deutsche Technikmuseum befindet.

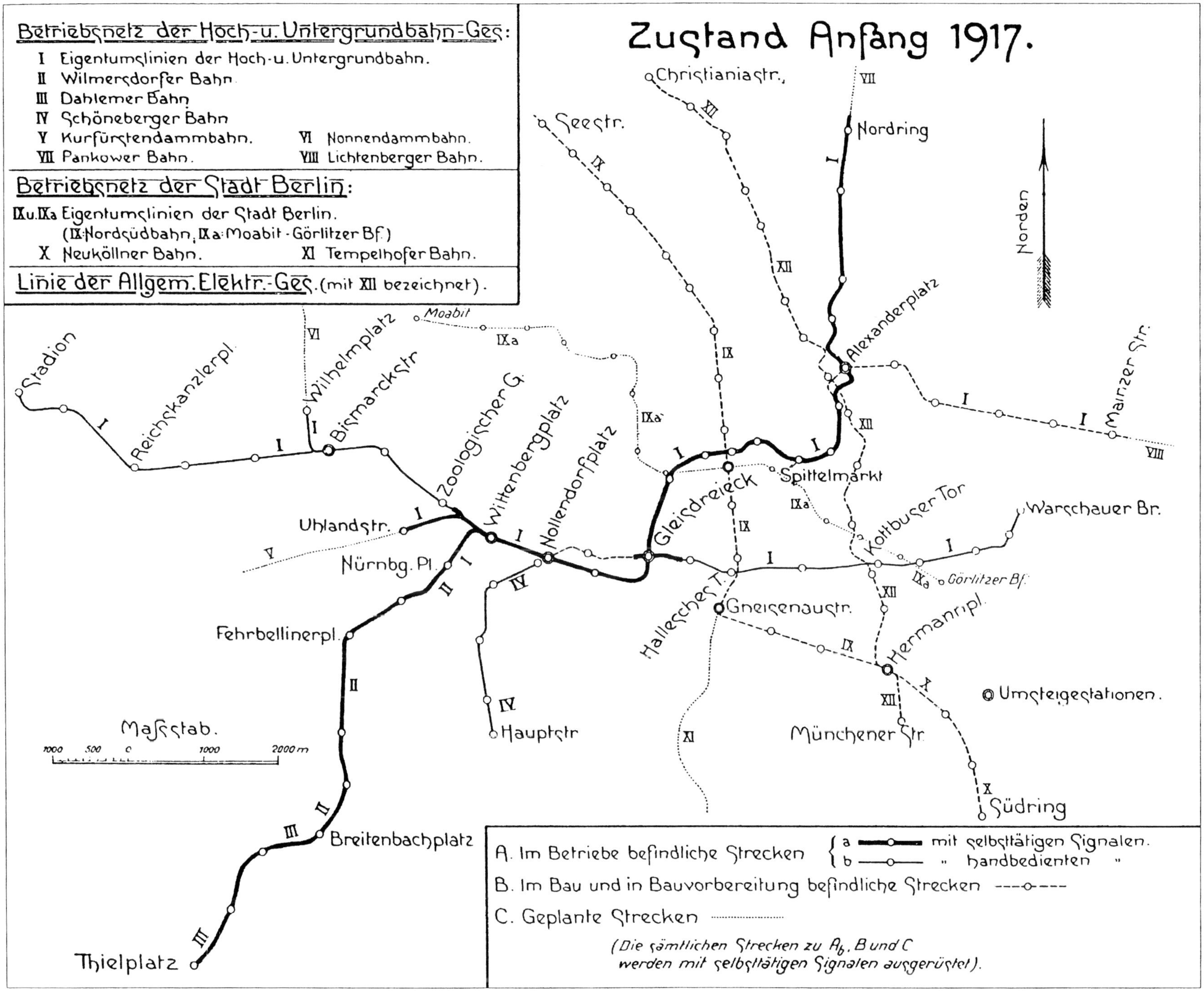
Zustand Anfang 1917.
Betriebsnetz der Hoch-u. Untergrundbahn-Ges:
I Eigentumslinien der Hoch-u. Untergrundbahn.
II Wilmersdorfer Bahn
III Dahlemer Bahn
IV Schöneberger Bahn
V Kurfürstendammbahn.
VI Nonnendammbahn.
VII Pankower Bahn.
VIII Lichtenberger Bahn.
Betriebsnetz der Stadt Berlin:
IXu.IXa Eigentumslinien der Stadt Berlin.
(IX:Nordsüdbahn, IXa: Moabit - Görlitzer Bf.)
X Neuköllner Bahn.
XI Tempelhofer Bahn.
Linie der Allgem. Elektr.-Ges. (mit XII bezeichnet).
Christianiastr.
Seestr.
Nordring
Norden
Stadion
Reichskanzlerpl.
Wilhelmplatz
Bismarckstr
Moabit
Zoologischer G.
Wittenbergplatz
Nollendorfplatz
Alexanderplatz
Mainzer Str.
Spittelmarkt
Gleisdreieck
Uhlandstr.
Nürnbg. Pl.
Kottbuser Tor
Warschauer Br.
Görlitzer Bf.
Fehrbellinerpl.
Hallesches T.
Gneisenaustr.
Hermannpl.
Umsteigestationen.
Maßstab.
1000 500 0 1000 2000 m
Hauptstr
Münchener Str.
Südring
Breitenbachplatz
Thielplatz
A. Im Betriebe befindliche Strecken { a mit selbsttätigen Signalen. b " handbedienten "
B. Im Bau und in Bauvorbereitung befindliche Strecken
C. Geplante Strecken
(Die sämtlichen Strecken zu Ab, B und C werden mit selbsttätigen Signalen ausgerüstet).

Gleisanlagen der Reichsbahn in Berlin, 1922

Es gehörte zu den schönen Traditionen der Königlichen Eisenbahndirektion Berlin, in regelmäßigen Abständen einen genauen Gleisplan ihrer Strecken in der Reichshauptstadt herauszubringen. Bekannt ist die Fassung von 1896 durch ihre Veröffentlichung in dem Buch »Berlin und seine Eisenbahnen«. Die hier gezeigte Karte vom Beginn der Reichsbahnzeit wurde von Artur Fürst in seinem Lexikon »Das Weltreich der Technik« abgedruckt. Die Gleise aller Bahnhöfe und Haltepunkte sind verzeichnet, selbst kleinste Privat-Anschlüsse fehlen nicht. Die blaue Farbe markiert Ferngleise, die rote weist auf Strecken für den Stadt-, Ring- und Vorortverkehr hin. Separate Gütergleise sind gelb getönt, die Werkstätten schraffiert. Als dieser Plan entstand, liefen bereits die Vorbereitungen zur Ausrüstung der nördlichen Vorortstrecken vom Stettiner Bahnhof nach Bernau, Oranienburg und Velten mit Anlagen für den elektrischen Gleichstrom-Zugbetrieb, der dort zwischen 1924 und 1927 begann. Der Bahnhof Friedrichstraße und die Station an der Warschauer Straße sind ebenfalls als »im Umbau« befindlich dargestellt. Auf zwei längst vergessene Namen macht diese Landkarte aufmerksam, nämlich auf die Berliner Endstationen der Nordbahn aus Stralsund (1877 entstanden) und der Ostbahn aus Küstrin (1867 entstanden). Beide dienten dem Personenverkehr jeweils nur kurze Zeit. Ihre Namen kamen aber 1950 durch die DDR wieder in Gebrauch, als der Stettiner Bahnhof und der Schlesische Bahnhof aus politischen Gründen in Nordbahnhof und Ostbahnhof umgetauft wurden.

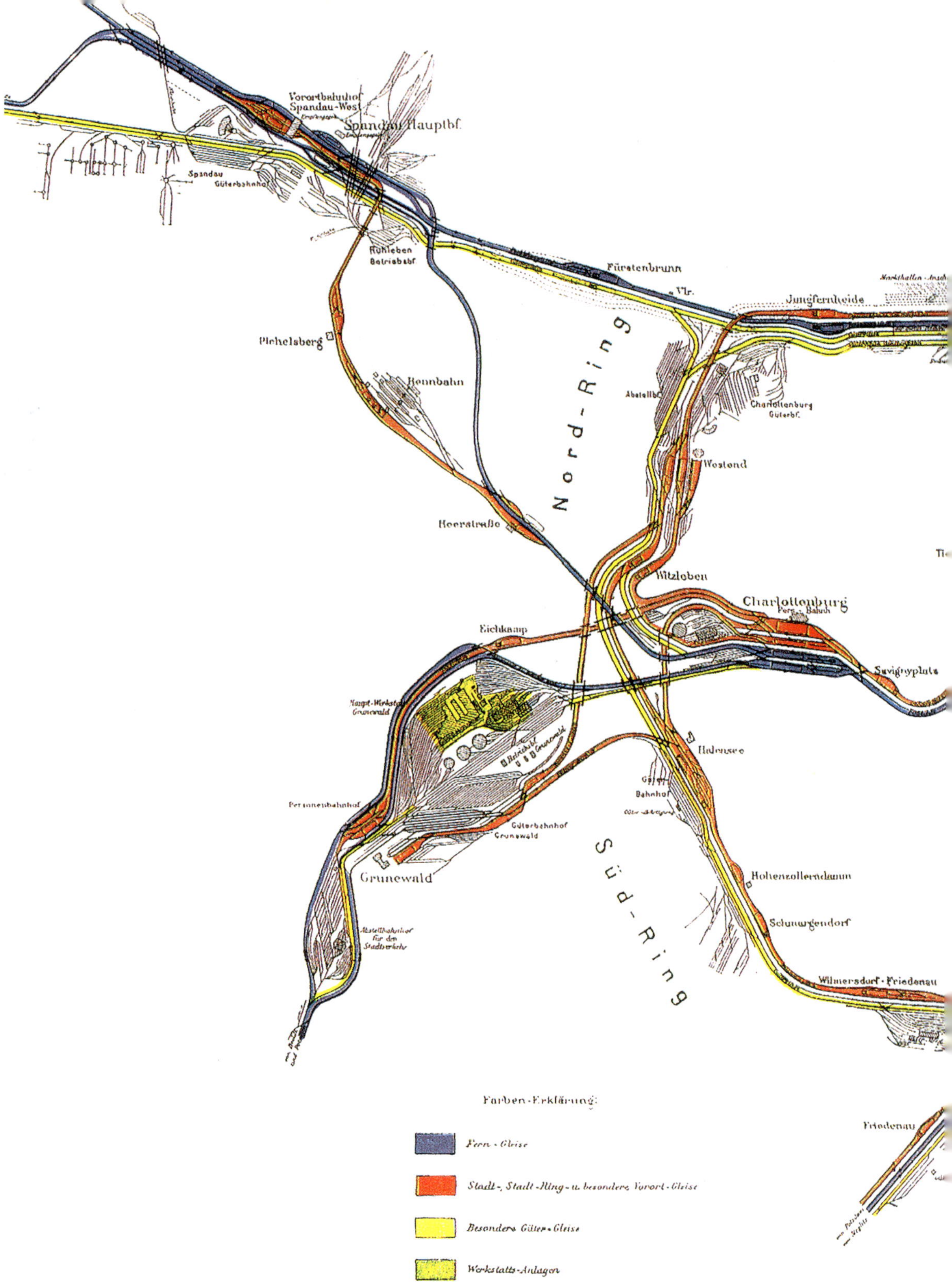

Nord-Ring
Gesundbrunnen
Wedding
Schönhauser Allee
Prenzlauer Allee
Putlitzstr.
Hambg. u. Lehrter Güter-Außen-Bf.
Hambg. Lehrter Güter-Innen-Bf.
Lehrter Bahnhof
Stettiner Bahnhof
Nordbahnhof
Weißensee bei Berlin
Stadtbahn
Bellevue
Börse
Lehrter Haupt-Bf.
Friedrichstr.
Alexanderplatz
Landsberger Allee
Nord-Ring
Zentralviehhof
Güterbahnhof
Frankfurter Allee
Potsdamer Bahnhof
Wannsee-Bf.
Ring-u. Vorort-Bahnhof
Anhalter Bahnhof
Jannowitzbrücke
Ostbahnhof
Schlesischer Bahnhof
Yorckstr.
Großgörschenstr.
Schöneberg
Güter-Bahnhof d. Schlesischen Bahn
Verschiebe-Bahnhof
Lichtenberg-Friedrichsfelde
Friedhof Friedrichsfelde
Friedrichsfelde-Ost
Neu Lichtenberg
Haltepunkt
Güterbf.
Görlitzer Bahnhof
Güter-Bahnhof
Süd-Ring
Güterbf. Osthafen
Treptow b. Berlin
Betriebsbahnhof Schöneberg
Tempelhof (Ringbahn)
Papestr.
Hauptwerkstatt Tempelhof
Kaiser-Friedrich-Straße
Hermannstr.
Neukölln
Rummelsburg
Vorortbahnhof Karlshorst
Rennbahn Karlshorst
Tempelhof Vschbbf
Köllnische Heide
Baumschulenweg
Süd-Ring

Schnellbahnplan von Berlin, 1923

Diese Zusammenschau der Reichsbahnstrecken in Berlin mit den einzelnen Hoch- und Untergrundbahnen war für den Leser des Buches »Weltreich der Technik« von Artur Fürst gedacht. Die Strecken der Hochbahngesellschaft waren bereits 1913 bis zur Schönhauser Allee (Nordring), zur Uhlandstraße, zum Stadion und zum Thielplatz in Betrieb gegangen. Die Entlastungsstrecke vom Gleisdreieck über Kurfürstenstraße zum Nollendorfplatz wurde im Oktober 1926 dem Verkehr übergeben. Mit dem neuen, breiteren »Großprofil« wurden die Tunnel der »Berliner Nordsüdbahn AG« angelegt und 1923 zwischen Seestraße und Halleschem Tor eröffnet; die Verlängerung nach Neukölln war im Bau und erreichte 1924 die Hasenheide (Südstern) und 1926 die Bergstraße (Karl-Marx-Straße). Mit blauen Rauten ist die 1913 begonnene, im Ersten Weltkrieg aber aufgegebene AEG-Untergrundbahn von Gesundbrunnen nach Neukölln eingezeichnet, die erst zwischen 1927 und 1930 in Betrieb ging. Die anderen geplanten Strecken von Moabit bis Neukölln, vom Nollendorfplatz zum Stettiner Bahnhof und vom Wittenbergplatz nach Weißensee sind bis heute Zukunftsmusik. Auf den Fotografien sind der am 14. Februar 1926 eröffnete Untergrundbahnhof Kreuzberg (ab 1937 Flughafen, ab 1973 Platz der Luftbrücke) an der Tempfelhofer Linie sowie ein Vierwagenzug der Großprofil-Bauart B 1 für die Nordsüdbahn aus dem Jahr 1925 zu erblicken. Wegen der ovalen Stirnfenster wurden diese Wagen von den Fahrgästen gern »Tunneleulen« genannt.

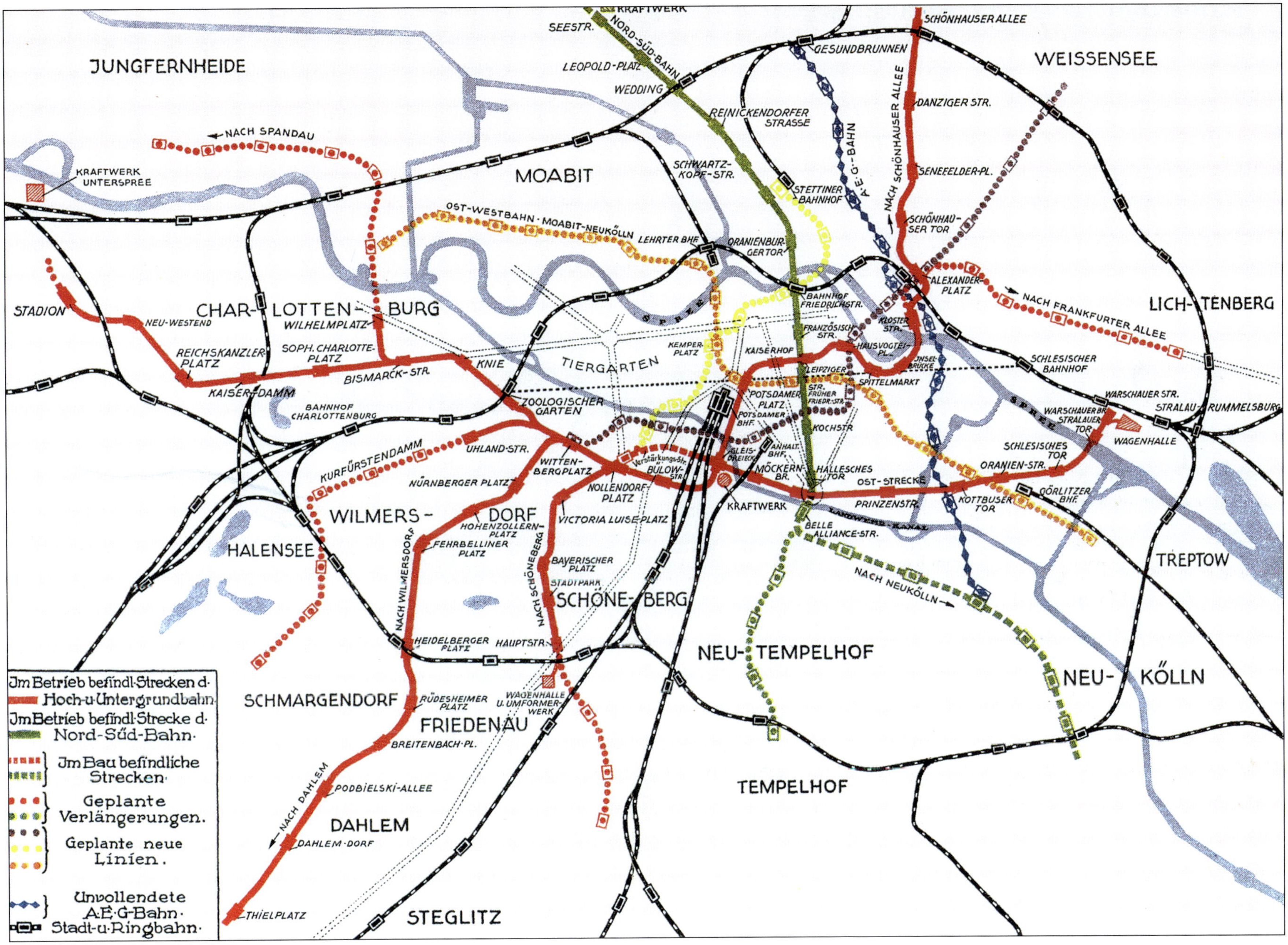

JUNGFERNHEIDE
KRAFTWERK
SEESTR.
NORD-SÜD-BAHN
LEOPOLD-PLATZ
WEDDING
SCHÖNHAUSER ALLEE
GESUNDBRUNNEN
WEISSENSEE
DANZIGER STR.
REINICKENDORFER STRASSE
NACH SCHÖNHAUSER ALLEE
A·E·G·-BAHN
NACH SPANDAU
KRAFTWERK UNTERSPREE
MOABIT
SCHWARTZKOPF-STR.
SENEFELDER-PL.
STETTINER BAHNHOF
SCHÖNHAUSER TOR
OST-WESTBAHN · MOABIT-NEUKÖLLN
LEHRTER BHF.
ORANIENBURGER TOR
ALEXANDER-PLATZ
NACH FRANKFURTER ALLEE
LICHTENBERG
STADION
NEU-WESTEND
CHARLOTTENBURG
WILHELMPLATZ
BAHNHOF FRIEDRICHSTR.
SPREE
FRANZÖSISCHE STR.
KLOSTER STR.
REICHSKANZLER-PLATZ
SOPH. CHARLOTTE-PLATZ
KEMPER-PLATZ
KAISERHOF
HAUSVOGTEI-PL.
SCHLESISCHER BAHNHOF
INSEL-BRÜCKE
BISMARCK-STR.
KNIE
TIERGARTEN
LEIPZIGER STR.
SPITTELMARKT
KAISERDAMM
ZOOLOGISCHER GARTEN
POTSDAMER PLATZ
STR. FRÜHER FRIEDR.-STR.
WARSCHAUER STR.
STRALAU-RUMMELSBURG
BAHNHOF CHARLOTTENBURG
POTSDAMER BHF.
KOCHSTR.
WARSCHAUER BR. STRALAUER TOR
WAGENHALLE
UHLAND-STR.
GLEISDREIECK
ANHALT. BHF.
SCHLESISCHES TOR
KURFÜRSTENDAMM
WITTENBERGPLATZ
Verstärkungs-Str.
BÜLOW-STR.
MÖCKERN-BR.
HALLESCHES TOR
ORANIEN-STR.
OST-STRECKE
NÜRNBERGER PLATZ
NOLLENDORF-PLATZ
KRAFTWERK
PRINZENSTR.
KOTTBUSER TOR
GÖRLITZER BHF.
WILMERSDORF
VICTORIA LUISE-PLATZ
LANDWEHR-KANAL
HOHENZOLLERN-PLATZ
BELLE ALLIANCE-STR.
FEHRBELLINER PLATZ
HALENSEE
BAYERISCHER PLATZ
TREPTOW
NACH WILMERSDORF
NACH SCHÖNEBERG
STADTPARK
NACH NEUKÖLLN
SCHÖNEBERG
HEIDELBERGER PLATZ
HAUPTSTR.
NEU-TEMPELHOF
NEU-KÖLLN
SCHMARGENDORF
RÜDESHEIMER PLATZ
WAGENHALLE U. UMFORMER-WERK
FRIEDENAU
BREITENBACH-PL.
TEMPELHOF
PODBIELSKI-ALLEE
NACH DAHLEM
DAHLEM
DAHLEM-DORF
THIELPLATZ
STEGLITZ
Im Betrieb befindl. Strecken d.
Hoch-u. Untergrundbahn.
Im Betrieb befindl. Strecke d.
Nord-Süd-Bahn.
Im Bau befindliche Strecken.
Geplante Verlängerungen.
Geplante neue Linien.
Unvollendete A·E·G-Bahn.
Stadt-u-Ringbahn.

Eröffnungsjahre der Strecken in Berlin, 1930

Während die Mehrzahl der hier abgedruckten historischen Streckenpläne in ihrer Zeit zur aktuellen Information der Fahrgäste gedacht war, handelt es sich bei diesem großen Plan um eine didaktische Aufbereitung: Die Reichsbahndirektion Berlin hat die sehr sorgfältig ausgearbeitete Übersicht für eine Veröffentlichung in der Zeitschrift »Verkehrstechnische Woche« (Jahrgang 1930, Seite 560) aufstellen lassen. Farblich auseinandergehalten, sind vier Bauphasen im Berliner Eisenbahnnetz genannt. Gut läßt sich erkennen, wann neben den alten Berliner Fernbahnen getrennte Vorortgleise angelegt worden sind. Als jüngste Baumaßnahmen sind die Entflechtung am Bahnhof Heerstraße und die Siemensbahn bis nach Gartenfeld enthalten. Diese wurde am 18. Dezember 1929 in Betrieb genommen. In dieser Darstellung ist der Umfang der S-Bahn-Elektrifizierung nicht markiert: 1924 nach Bernau, 1925 nach Oranienburg, 1927 nach Velten, 1928 die Stadtbahn mit den angrenzenden Vorortstrecken, 1928/29 die Ringbahn, dazu 1933 noch die Wannseebahn. Die Nebenkarten zeigen eine entsprechende Darstellung zum Liniennetz der Berliner U-Bahn von 1930 mit den Eröffnungsjahren und den einzelnen Stationsabständen, außerdem eine Übersicht sämtlicher U-Bahnhöfe von 1929. Darin sind die Linien im Betrieb (60,3 km) schwarz angelegt, während die Linien im Bau (19,0 km) hell dargestellt sind. Geplante Verlängerungen der Bahnstrecken wurden durchbrochen gezeichnet.

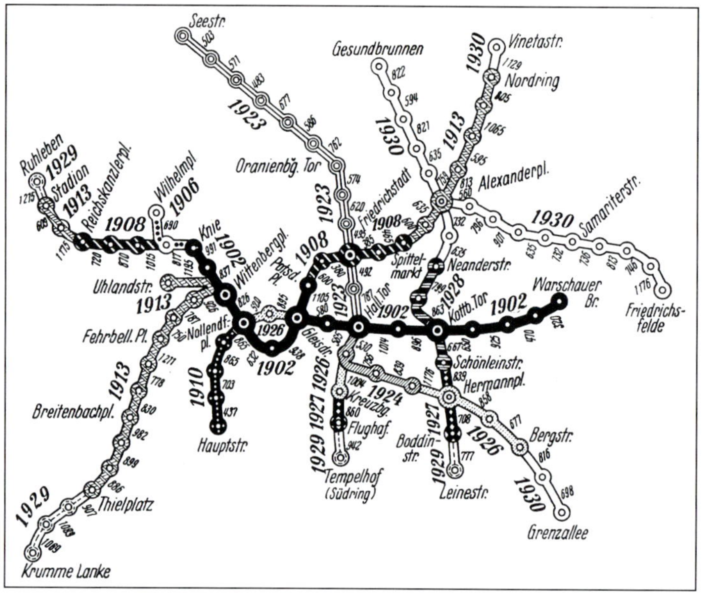

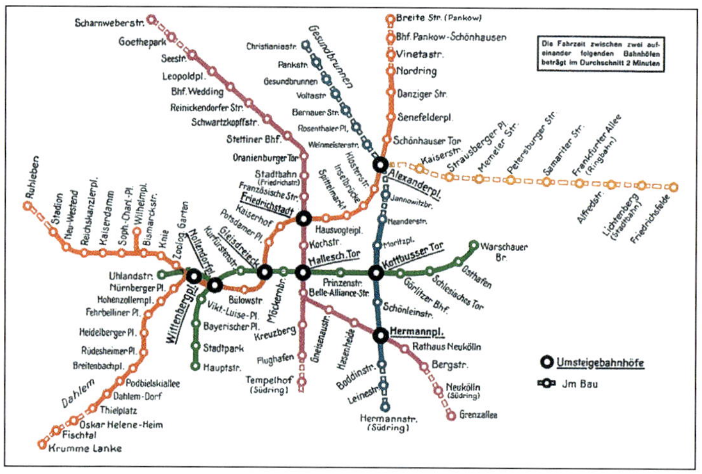

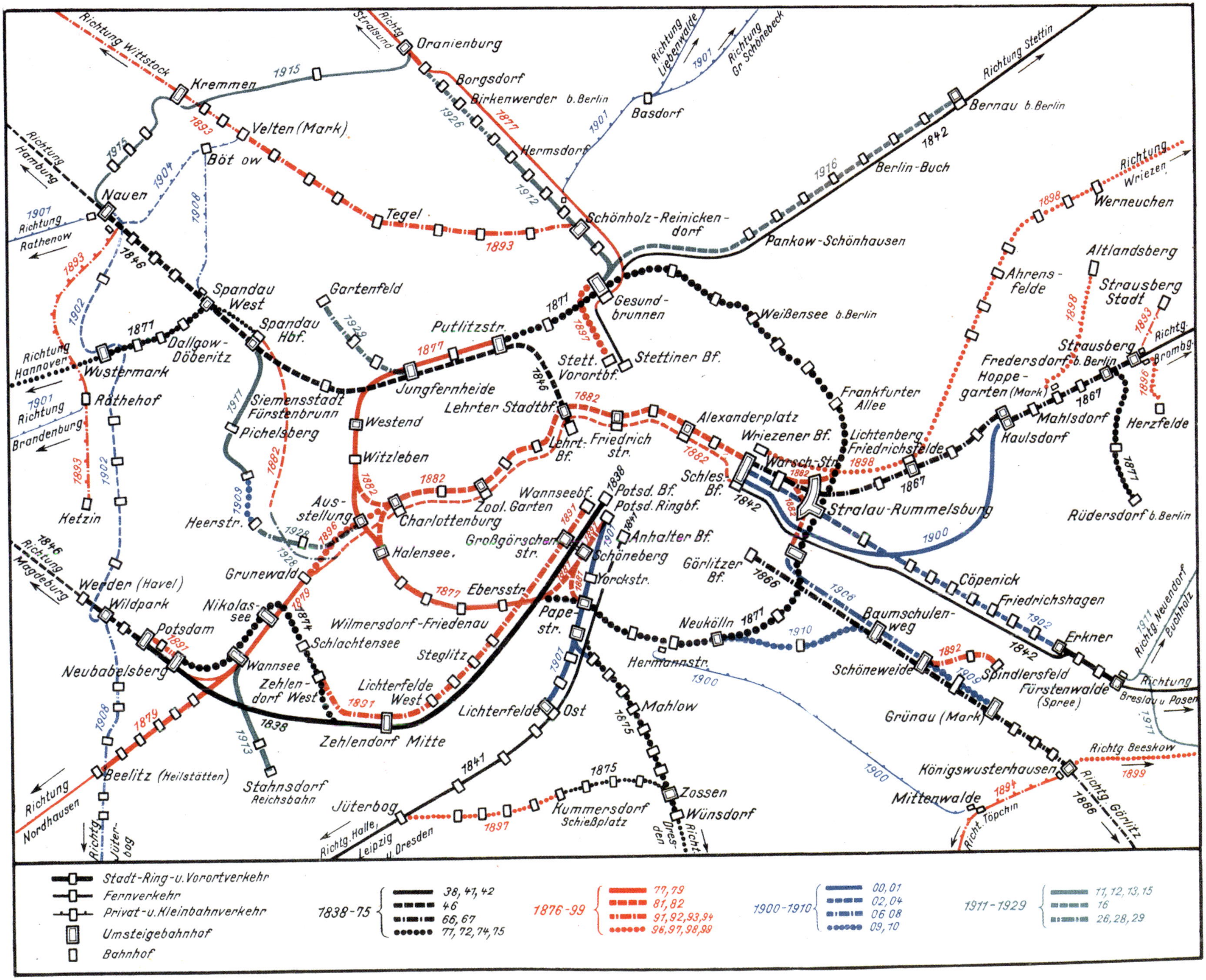
Richtung Wittstock
Richtg. Stralsund
Oranienburg
Kremmen
Borgsdorf
Birkenwerder b. Berlin
Velten (Mark)
Hermsdorf
Richtung Liebenwalde
Richtung Gr. Schönebeck
Basdorf
Richtung Stettin
Bernau b. Berlin
Berlin-Buch
Richtung Hamburg
Böt ow
Nauen
Richtung Rathenow
Tegel
Schönholz-Reinickendorf
Pankow-Schönhausen
Richtung Wriezen
Werneuchen
Altlandsberg
Ahrensfelde
Strausberg Stadt
Spandau West
Gartenfeld
Gesundbrunnen
Weißensee b. Berlin
Spandau Hbf.
Dallgow-Döberitz
Putlitzstr.
Stett. Vorortbf.
Stettiner Bf.
Richtg. Bromberg
Strausberg
Fredersdorf b. Berlin
Hoppegarten (Mark)
Richtung Hannover
Wustermark
Jungfernheide
Siemensstadt Fürstenbrunn
Frankfurter Allee
Rathehof
Richtung Brandenburg
Westend
Lehrter Stadtbf.
Alexanderplatz
Mahlsdorf
Kaulsdorf
Herzfelde
Pichelsberg
Wriezener Bf.
Lichtenberg Friedrichsfelde
Witzleben
Lehrt. Bf.
Friedrich str.
Warsch. Str.
Schles. Bf.
Stralau-Rummelsburg
Rüdersdorf b. Berlin
Ketzin
Heerstr.
Ausstellung
Charlottenburg
Zool. Garten
Wannseebf.
Potsd. Bf.
Potsd. Ringbf.
Anhalter Bf.
Großgörschenstr.
Schöneberg
Halensee
Görlitzer Bf.
Richtung Magdeburg
Werder (Havel)
Wildpark
Grunewald
Yorckstr.
Cöpenick
Friedrichshagen
Eberssstr.
Nikolassee
Papestr.
Wilmersdorf-Friedenau
Neukölln
Baumschulenweg
Erkner
Richtg. Neuendorf
Buchholz
Potsdam
Schlachtensee
Steglitz
Hermannstr.
Neubabelsberg
Wannsee
Zehlendorf West
Lichterfelde West
Schöneweide
Spindlersfeld
Fürstenwalde (Spree)
Richtung Breslau u. Posen
Lichterfelde Ost
Mahlow
Grünau (Mark)
Zehlendorf Mitte
Richtg Beeskow
Beelitz (Heilstätten)
Stahnsdorf Reichsbahn
Königswusterhausen
Zossen
Mittenwalde
Richtung Nordhausen
Jüterbog
Kummersdorf Schießplatz
Wünsdorf
Richtg. Jüterbog
Richtg. Halle, Leipzig u. Dresden
Richt. Dresden
Richt. Töpchin
Richtg. Görlitz
Stadt-Ring-u. Vorortverkehr
Fernverkehr
Privat-u. Kleinbahnverkehr
Umsteigebahnhof
Bahnhof
1838-75
38, 41, 42
46
66, 67
71, 72, 74, 75
1876-99
77, 79
81, 82
91, 92, 93, 94
96, 97, 98, 99
1900-1910
00, 01
02, 04
06 08
09, 10
1911-1929
11, 12, 13, 15
16
26, 28, 29

Übersichtsplan der Berliner U-Bahn, 1931

Mit Wirkung vom 1. Januar 1929 wurde die Berliner Verkehrs-Aktiengesellschaft (BVG) aus den bis dahin separat bestehenden Unternehmen der Hoch- und Untergrundbahn, der Allgemeinen Berliner Omnibus-AG und der Straßenbahn-Betriebsgesellschaft gebildet. In den Jahren bis 1931, als der Neubau von U-Bahn-Strecken für über zwei Jahrzehnte zum Stillstand kam, konnte 1929 noch die Verlängerung von Thielplatz bis Krumme Lanke und von Stadion bis Ruhleben erfolgen. Die alte AEG-Strecke kam zwischen Boddinstraße und Leinestraße 1929 sowie zwischen Gesundbrunnen und Neanderstraße 1930 weiter in Fahrt. Am 21. Dezember 1930 wurde die neue Strecke vom Alexanderplatz nach Friedrichsfelde eröffnet, und auch die Ergänzungen von Nordring nach Pankow und von Bergstraße nach Grenzallee entstanden 1930. Der handliche Taschenplan der BVG mit der Reklame für die Kempinski-Betriebe nennt die damals erreichte Streckenlänge mit 80,34 Kilometer. Der Fahrzeugpark dafür umfaßte 781 Kleinprofilwagen und 406 Großprofilwagen. Der »Hundekopf« der Reichsbahnstrecken ist dünn eingezeichnet. Die Fotografien zeigen den im Einschnitt gelegenen Bahnhof Krumme Lanke, eröffnet am 22. Dezember 1929, und die reich verkleidete Halle am Hermannplatz mit einem Zug nach Seestraße, seit 11. April 1926 in Betrieb. Beide Bauwerke hat Alfred Grenander, der begnadete schwedische Architekt der Hochbahngesellschaft, entworfen. Er ist am 14. Juli 1931 in Berlin verstorben.

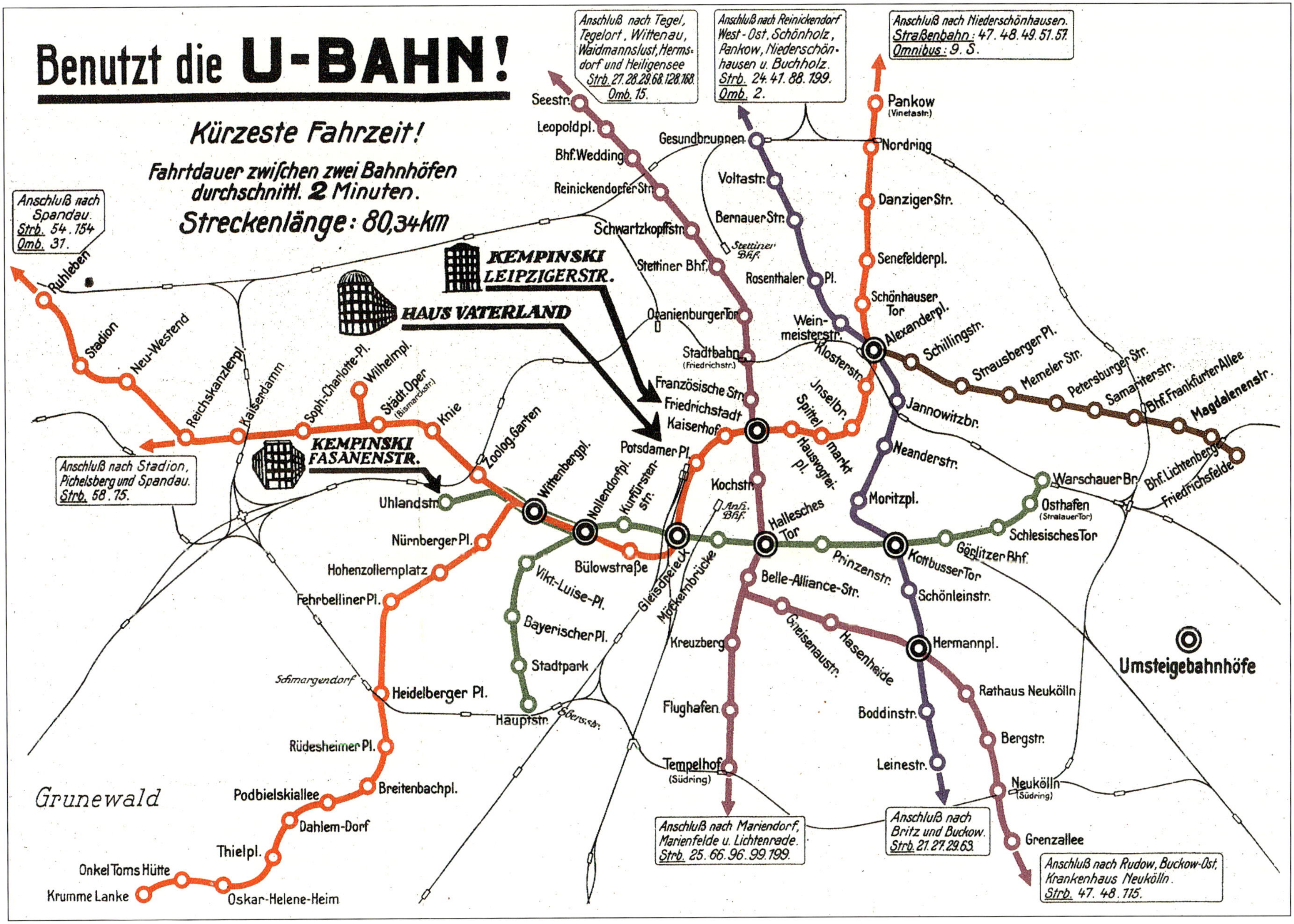

Benutzt die U-BAHN!
Kürzeste Fahrzeit!
Fahrtdauer zwischen zwei Bahnhöfen durchschnittl. 2 Minuten.
Streckenlänge: 80,34 km
KEMPINSKI LEIPZIGERSTR.
HAUS VATERLAND
KEMPINSKI FASANENSTR.
Anschluß nach Spandau. Strb. 54. 154 Omb. 37.
Anschluß nach Stadion, Pichelsberg und Spandau. Strb. 58. 75.
Anschluß nach Tegel, Tegelort, Wittenau, Waidmannslust, Hermsdorf und Heiligensee Strb. 27. 28. 29. 68. 128. 168. Omb. 15.
Anschluß nach Reinickendorf West-Ost, Schönholz, Pankow, Niederschönhausen u. Buchholz. Strb. 24. 41. 88. 199. Omb. 2.
Anschluß nach Niederschönhausen. Straßenbahn: 47. 48. 49. 51. 57. Omnibus: 9. S.
Anschluß nach Mariendorf, Marienfelde u. Lichtenrade. Strb. 25. 66. 96. 99. 199.
Anschluß nach Britz und Buckow. Strb. 21. 27. 29. 63.
Anschluß nach Rudow, Buckow-Ost, Krankenhaus Neukölln. Strb. 47. 48. 715.
Umsteigebahnhöfe
Grunewald
Ruhleben
Stadion
Neu-Westend
Reichskanzlerpl.
Kaiserdamm
Soph.-Charlotte-Pl.
Wilhelmpl.
Städt. Oper (Bismarckstr.)
Knie
Zoolog. Garten
Wittenbergpl.
Nollendorfpl.
Kurfürstenstr.
Potsdamer Pl.
Kaiserhof
Friedrichstadt
Französische Str.
Stadtbahn (Friedrichstr.)
Oranienburger Tor
Stettiner Bhf.
Stettiner Bhf.
Schwartzkopffstr.
Reinickendorfer Str.
Bhf. Wedding
Leopoldpl.
Seestr.
Gesundbrunnen
Voltastr.
Bernauer Str.
Rosenthaler Pl.
Weinmeisterstr.
Alexanderpl.
Klosterstr.
Inselbr.
Spittelmarkt
Hausvogteipl.
Pankow (Vinetastr.)
Nordring
Danziger Str.
Senefelderpl.
Schönhauser Tor
Schillingstr.
Strausberger Pl.
Memeler Str.
Petersburger Str.
Samariterstr.
Bhf. Frankfurter Allee
Magdalenenstr.
Bhf. Lichtenberg-Friedrichsfelde
Jannowitzbr.
Neanderstr.
Moritzpl.
Kottbusser Tor
Schönleinstr.
Hermannpl.
Rathaus Neukölln
Bergstr.
Neukölln (Südring)
Grenzallee
Boddinstr.
Leinestr.
Warschauer Br.
Osthafen (Stralauer Tor)
Schlesisches Tor
Görlitzer Bhf.
Prinzenstr.
Hallesches Tor
Kochstr.
Anh. Bhf.
Belle-Alliance-Str.
Gneisenaustr.
Hasenheide
Kreuzberg
Flughafen
Tempelhof (Südring)
Gleisdreieck
Möckernbrücke
Bülowstraße
Uhlandstr.
Nürnberger Pl.
Hohenzollernplatz
Fehrbelliner Pl.
Schmargendorf
Heidelberger Pl.
Rüdesheimer Pl.
Breitenbachpl.
Podbielskiallee
Dahlem-Dorf
Thielpl.
Onkel Toms Hütte
Krumme Lanke
Oskar-Helene-Heim
Vikt.-Luise-Pl.
Bayerischer Pl.
Stadtpark
Hauptstr.
Ebersstr.

Das BVG-Liniennetz, 1934

Erst seit 1928, als die Vorbereitungen zur Gründung der BVG liefen, hat es in Berlin gemeinsame Netzübersichten für Autobus, Straßenbahn und U-Bahn gegeben. Als Beispiel für den Zustand des Berliner Nahverkehrssystems in der Vorkriegszeit ist hier ein Plan vom Mai 1934 wiedergegeben, der alle Linien der Stadt aufweist. Einige Bahnhöfe sind 1934 bereits umbenannt; neu sind die Namen Adolf-Hitler-Platz und Horst-Wessel-Platz. Eine entsprechende Innenstadtkarte von 1939 wird auf der Seite 45 gezeigt, ein Plan der Ausflugslinien folgt auf Seite 43. Nach der Machtübernahme der Nationalsozialisten war am 1. September 1933 bei der BVG ein Zehn-Pfennig-Tarif für Teilstrecken neu eingeführt worden. Der normale Fahrschein kostete weiterhin 25 Pfennig; beim Umsteigen von U-Bahn oder Straßenbahn auf den Bus oder umgekehrt waren fünf Pfennig mehr zu entrichten. Die BVG besaß 1934 nicht weniger als 3700 Straßenbahnwagen, 1200 U-Bahn-Wagen und 600 Omnibusse. Täglich beförderte sie 2,5 Millionen Menschen.

Die südliche Hälfte dieses Plans ist auf der nächsten Doppelseite wiedergegeben.

Geltungsbereich des Übergangstarifs mit STADT-RING-UND VORORTBAHNEN
Waidmannslust
Bln-Blankenbg.
Eichbornstr.
Spandau West
Gartenfeld
Stett Bf.
Kaulsdorf
Schles. Bf.
Lehrt Bf.
Charlbg.
Potsd Bf.
Görlitzer Bf.
Köpenick
Spindlersfeld
Nikolassee
Lichterfelde-Ost
Marienfelde
Adlershof Alt-Glienicke
Blankenfelde
BLANKENFELDE
Rosenthal
ROSENTHAL
WILHELMSRUH
Niederschönhausen
NORDEND
SCHÖNHOLZ
SCHÖNHOLZ-REINICKDF.
Buchholz
BLN-BLANKENBURG
KAROW
Lindenberg
Malchow
Heinersdorf
Wartenberg
Pankow
PANKOW (VINETASTR.)
PANKOW-HEINERSDF.
PANKOW-SCHÖNHSH.
GESUNDBRUNNEN
NORDRING
DANZIGER STR.
VOLTASTR.
WEDDING
BERNAUER STR.
SCHWARTZKOPFFSTR.
STETTINER BF.
ROSENTHALER PL.
SENEFELDER PL.
HORST WESSEL PL.
WEINMEISTERSTR.
ORANIENBGR.TOR
STADTBAHN FRIEDRICHSTR.
FRIEDRICHSTR.
ALEX. PL.
SCHILLINGSTR.
STRAUSBERGER PL.
MEMELER STR.
PETERSBURGER STR.
FRANKFURTER ALLEE
FRANKF. ALL. (RINGBAHN)
SAMARITER STR.
MAGDALENENSTR.
LICHTENBERG (ZENTRALFRIEDHOF)
LICHTENBERG FRIEDRICHSFELDE
FRIEDRICHSFELDE OST
FRIEDRICHSFELDE
KLOSTERSTR.
JANNOWITZ BR.
INSELBR.
SPITTELM.
NEANDERSTR.
HAUSVOGTEI PL.
FRANZÖS. STR.
FRIEDR. STR.
KAISERHOF
POTSDAM. PL.
KOCHSTR.
MORITZ PL.
SCHLES. BF.
WARSCHAUER STR.
WARSCHAUER BR.
OSTKREUZ
OSTHAFEN
SCHLESISCH. TOR
NEU-LICHTENBERG
RUMMELSBURG
BETRIEBSBHF. RUMMELSBURG
Weissensee
WEISSENSEE
Hohenschönhausen
Marzahn
MARZAHN
Friedrichshain
Lichtenberg
Friedrichsfelde
Mahlsdorf
KAULSDORF
BIESDORF
Kaulsdorf-Süd
Mahlsdorf-Süd
Herzberge
ZENTRALVIEHHOF
LANDSBGR. ALLEE
Linie 19 werktags nach 20 Uhr nur bis u.d. Linden (Zeughaus)

Das BVG-Liniennetz, 1934

Bei den Straßenbahnen ist in diesem Kartenbild von 1934 besonders die Linie 120 von Spandau-West nach Hennigsdorf zu beachten, die auch dem Arbeiterverkehr zur AEG diente. Unter den fast vierzig Buslinien war der Oberleitungs-Omnibus A 31 von Spandau-Hauptbahnhof nach Staaken seit 1933 im Betrieb, auf den 1935 noch die Einrichtung der O-Buslinie A 32 vom Breitenbachplatz nach Marienfelde folgte.

Man ist überrascht zu sehen, wie nahe die Vororte Teltow, Klein-Machnow und Stahnsdorf an Dahlem und Zehlendorf liegen. Damals wie heute bestehen fast nur Busverbindungen.

BVG-Liniennetz, 1934.
Die nördliche Hälfte dieses Plans ist auf der vorangegangenen Doppelseite wiedergegeben.

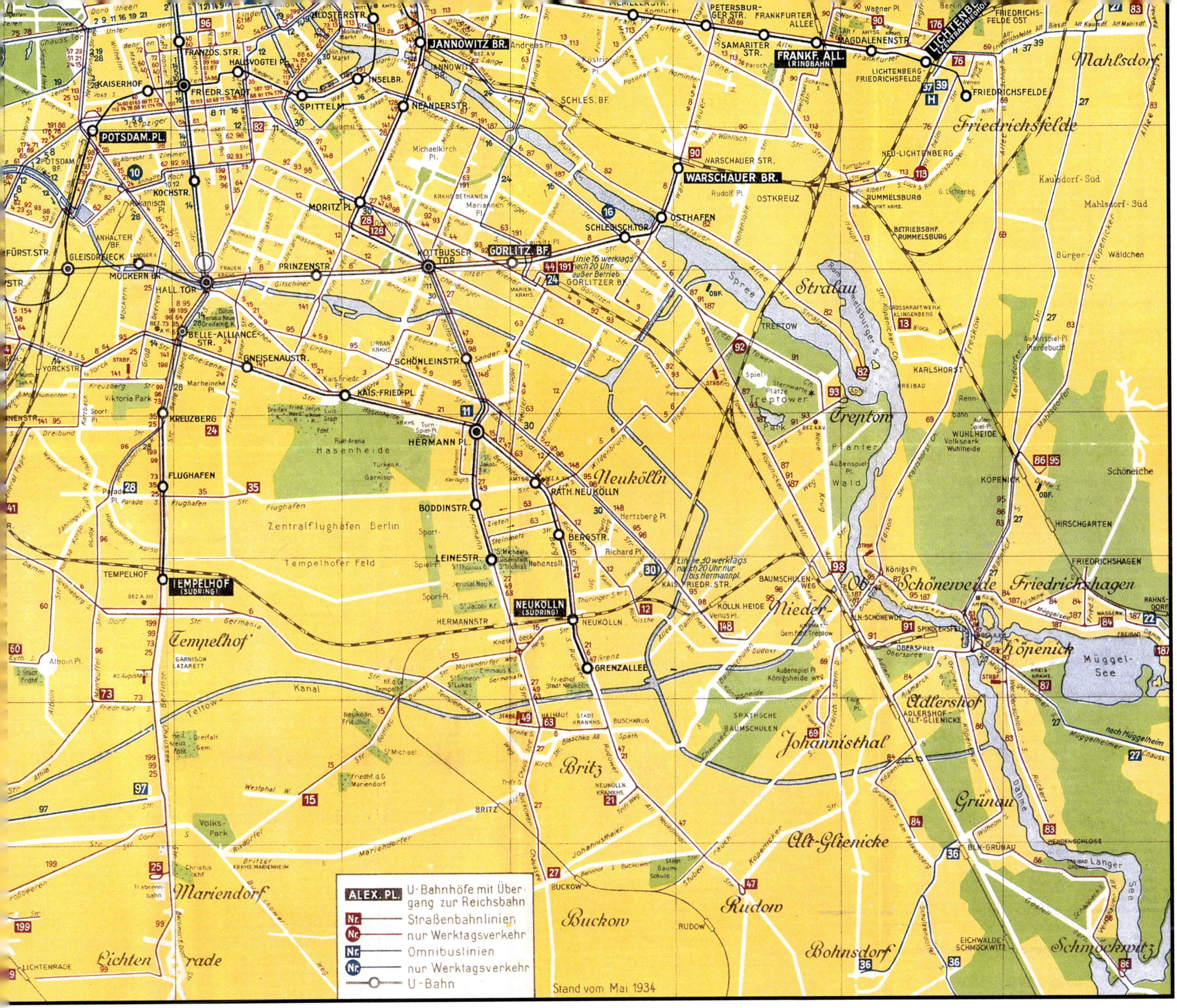

ALEX. PL. U-Bahnhöfe mit Übergang zur Reichsbahn
Nr. Straßenbahnlinien
Nr. nur Werktagsverkehr
Nr. Omnibuslinien
Nr. nur Werktagsverkehr
U-Bahn
Stand vom Mai 1934
Mahlsdorf
Friedrichsfelde
Stralau
Treptow
Neukölln
Tempelhof
Britz
Buckow
Rudow
Johannisthal
Adlershof
Alt-Glienicke
Grünau
Bohnsdorf
Schöneweide
Nieder-
Friedrichshagen
Köpenick
Mariendorf
Lichtenrade
Schmöckwitz
Müggel-See
Hasenheide
Zentralflughafen Berlin
Tempelhofer Feld
KLOSTERSTR.
JANNOWITZ BR.
FRANZÖS. STR.
HAUSVOGTEI PL.
INSELBR.
KAISERHOF
FRIEDR. STADT
SPITTELM.
NEANDERSTR.
POTSDAM. PL.
KOCHSTR.
MORITZ PL.
GLEISDREIECK
MÖCKERN BR.
HALL. TOR
PRINZENSTR.
KOTTBUSSER TOR
GÖRLITZ. BF.
SCHLESISCH. TOR
WARSCHAUER BR.
OSTHAFEN
BELLE-ALLIANCE-STR.
GNEISENAUSTR.
KAIS-FRIED. PL.
SCHÖNLEINSTR.
HERMANN PL.
RATH. NEUKÖLLN
BODDINSTR.
BERGSTR.
LEINESTR.
NEUKÖLLN (SÜDRING)
GRENZALLEE
KREUZBERG
FLUGHAFEN
TEMPELHOF (SÜDRING)
FRANKF. ALL. (RINGBAHN)
LICHTENBG. (ZENTRALFRIEDH.)
SAMARITER STR.
MAGDALENENSTR.
FRIEDRICHSFELDE
Linie 16 werktags nach 20 Uhr außer Betrieb Görlitzer Bf.
Linie 30 werktags nach 20 Uhr nur bis Hermannpl.

Gemeinsamer Plan von U- und S-Bahn, 1934

Seit dem 1. Januar 1928 war in Berlin zwischen Straßenbahn, U-Bahn und Autobus einerseits sowie der Stadt- und Ringbahn und den Nahzonen der Berliner Vorortstrecken andererseits ein »Übersteigeverkehr« eingerichtet, für den besondere Fahrscheine und Fahrkarten ausgegeben wurden. Sie kosteten zuerst 30 Pfennig. Allmählich erleichterten die konkurrierenden Verkehrsträger BVG und Reichsbahn den Wechsel der Fahrgäste, etwa durch den Bau geeigneter Übergangsbahnhöfe und durch bessere Informationen für den umsteigenden Fahrgast. Ein Beispiel dafür gibt der vielfarbige Taschenplan, den die Verkehrsabteilung der U-Bahn im Juli 1934 herausgebracht hat. Die Darstellung orientiert sich an der neuen »Netzspinne« der Berliner S-Bahn, die auf den nächsten Seiten beschrieben wird. Neue U-Bahnhöfe sind seit Ende 1930 nicht mehr hinzugekommen. Die »Übersteigebahnhöfe« zur S-Bahn, wie sie im Gegensatz zu den Umsteigebahnhöfen der U-Bahn genannt wurden, sind durch das bekannte grüne Symbol markiert, das dem blauen Zeichen der U-Bahn nachgebildet war. Zwei solche Plätze in Berlin zeigen die Fotografien, und zwar den Eingang zur U-Bahn am Zoologischen Garten mit der Kaiser-Wilhelm-Gedächtniskirche und die Treppe zum Untergrundbahnhof »Stadtbahn (Friedrichstraße)« mit zahllosen Leuchtreklamen der Umgebung, beides um 1935. Nachdem der Bahnhof Friedrichstraße für Fern- und S-Bahn von 1913 bis 1925 erneuert worden war, baute die Reichsbahn von 1935 bis 1942 den Bahnhof Zoo ebenfalls vollkommen um.

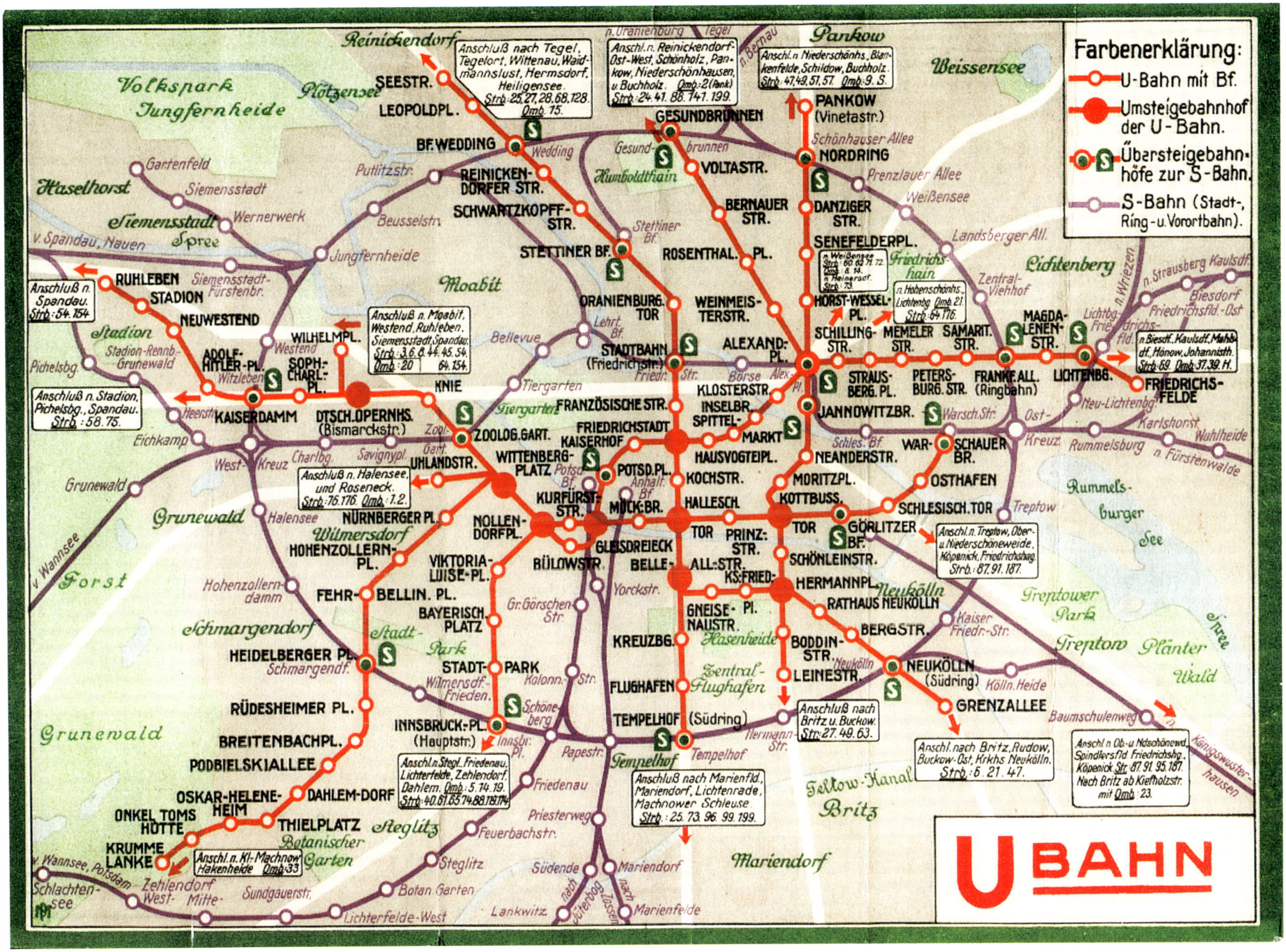
Farbenerklärung:
U-Bahn mit Bf.
Umsteigebahnhof der U-Bahn.
Übersteigebahnhöfe zur S-Bahn.
S-Bahn (Stadt-, Ring- u. Vorortbahn).
U BAHN
Reinickendorf
Pankow
Weissensee
Volkspark Jungfernheide
Plötzensee
Haselhorst
Siemensstadt
Spree
Moabit
Stadion
Lichtenberg
Wilmersdorf
Grunewald
Forst
Schmargendorf
Steglitz
Tempelhof
Mariendorf
Neukölln
Treptow
Britz
Teltow-Kanal
Rummelsburger See
Treptower Park
Plänter Wald
SEESTR.
LEOPOLDPL.
BF. WEDDING
REINICKENDORFER STR.
SCHWARTZKOPFFSTR.
STETTINER BF.
GESUNDBRUNNEN
VOLTASTR.
BERNAUER STR.
ROSENTHAL. PL.
WEINMEISTERSTR.
PANKOW (Vinetastr.)
NORDRING
DANZIGER STR.
SENEFELDERPL.
HORST-WESSEL-PL.
ALEXAND.-PL.
SCHILLINGSTR.
STRAUSBERG. PL.
MEMELER STR.
PETERSBURG. STR.
SAMARIT. STR.
FRANKF. ALL. (Ringbahn)
MAGDALENENSTR.
LICHTENBG.
FRIEDRICHSFELDE
RUHLEBEN
STADION
NEUWESTEND
ADOLF-HITLER-PL.
KAISERDAMM
SOPH.-CHARL.-PL.
WILHELMPL.
DTSCH. OPERNHS. (Bismarckstr.)
KNIE
ZOOLOG. GART.
UHLANDSTR.
WITTENBERGPLATZ
NOLLENDORFPL.
KURFÜRST. STR.
GLEISDREIECK
BÜLOWSTR.
POTSD. PL.
MÖCKERNBR.
HALLESCH. TOR
FRANZÖSISCHE STR.
FRIEDRICHSTADT
KAISERHOF
HAUSVOGTEIPL.
KOCHSTR.
ORANIENBURG. TOR
STADTBAHN (Friedrichstr.)
KLOSTERSTR.
INSELBR.
SPITTELMARKT
JANNOWITZBR.
NEANDERSTR.
MORITZPL.
KOTTBUSS. TOR
GÖRLITZER BF.
SCHLESISCH. TOR
WARSCHAUER BR.
OSTHAFEN
PRINZ-STR.
SCHÖNLEINSTR.
BELLE-ALL.-STR.
KS.FRIED.-PL.
HERMANNPL.
RATHAUS NEUKÖLLN
BERGSTR.
NEUKÖLLN (Südring)
GRENZALLEE
BODDINSTR.
LEINESTR.
GNEISENAUSTR.
KREUZBG.
FLUGHAFEN
TEMPELHOF (Südring)
NÜRNBERGER PL.
HOHENZOLLERNPL.
FEHRBELLIN. PL.
HEIDELBERGER PL.
RÜDESHEIMER PL.
BREITENBACHPL.
PODBIELSKIALLEE
DAHLEM-DORF
THIELPLATZ
OSKAR-HELENE-HEIM
ONKEL TOMS HÜTTE
KRUMME LANKE
VIKTORIA-LUISE-PL.
BAYERISCH. PLATZ
STADTPARK
INNSBRUCK.-PL. (Hauptstr.)
Anschluß nach Tegel, Tegelort, Wittenau, Waidmannslust, Hermsdorf, Heiligensee. Strb: 25. 27. 28. 68. 128. Omb: 15.
Anschl. n. Reinickendorf-Ost-West, Schönholz, Pankow, Niederschönhausen, u. Buchholz. Omb: 2 (Pank) Strb: 24. 41. 88. 141. 199.
Anschl. n. Niederschönhs., Blankenfelde, Schildow, Buchholz. Strb: 47. 49. 51. 57. Omb: 9. S.
Anschluß n. Spandau. Strb: 54. 154
Anschluß n. Moabit, Westend, Ruhleben, Siemensstadt, Spandau. Strb: 3. 6. 8. 44. 45. 54. Omb: 20 64. 154.
Anschluß n. Stadion, Pichelsbg., Spandau. Strb: 58. 75.
Anschluß n. Halensee und Roseneck. Strb: 76. 176. Omb: 1. 2.
Anschl. n. Steglitz, Friedenau, Lichterfelde, Zehlendorf, Dahlem. Omb: 5. 14. 19. Strb: 40. 61. 65. 74. 88. 118. 174.
Anschl. n. Kl.-Machnow Hakenheide Omb: 33
Anschluß nach Marienfld., Mariendorf, Lichtenrade, Machnower Schleuse Strb: 25. 73. 96. 99. 199.
Anschluß nach Britz u. Buckow. Strb: 27. 49. 63.
Anschl. nach Britz, Rudow, Buckow-Ost, Krkhs Neukölln. Strb: 6. 21. 47.
Anschl. n. Treptow, Ober- u. Niederschöneweide, Köpenick, Friedrichshg. Strb: 87. 91. 187.
n. Biesdf., Kaulsdf., Mahlsdf., Hönow, Johannisth. Strb: 69. Omb: 37. 39. H.

Plan der Berliner S-Bahn, 1936

Die Berliner S-Bahn ist erst durch die »Große Stadtbahn-Elektrifizierung«, wie man sie damals nannte, in den Jahren 1928 bis 1933 zu dem weltstädtischen Verkehrsmittel geworden, wie man es heute kennt. Die neue Darstellung der Berliner Stadt-, Ring- und Vorortbahnstrecken in Form der hier gezeigten »Netzspinne« entstand zu Beginn der dreißiger Jahr im Tarifbüro der Reichsbahndirektion Berlin; ein Mann namens A. Orth hat sie entworfen. Dieser Netzplan hing tausendfach auf den Bahnhöfen und in den Waggons, er war verkleinert auch in Taschenfahrplänen und Kursbüchern zu finden. Zu jedem Fahrplanwechsel wurde er aktualisiert, was besonders in den Jahren der »Großen Stadtbahn-Elektrisierung« bis 1933 von Belang war. Hier fallen die 1936 weiterhin dampfbetriebenen Strecken vom Görlitzer und vom Lehrter Bahnhof auf, aber auch andere Vororte warteten noch auf ihre elektrische S-Bahn. Als Neuigkeit in diesem Plan ist der am 28. Juli 1936 eröffnete Abschnitt der Nord-Süd-S-Bahn bis zur Station Unter den Linden verzeichnet. Daran war seit 1933 gebaut worden. Ende 1939 war dieser Tunnel durchgehend befahrbar. Bereits im November 1933 war auch auf der S-Bahn ein billiger Kurzstreckentarif eingeführt worden. Die Fotografien zeigen ein Abteil der 3. Klasse für Nichtraucher im Stadtbahnzug der Bauart 1929 sowie den typischen rotgelben Zug von außen. 1933 waren bei der S-Bahn rund 1560 Wagen für elektrischen Betrieb sowie 200 Dampfloks mit rund 1650 Abteilwagen im Einsatz.

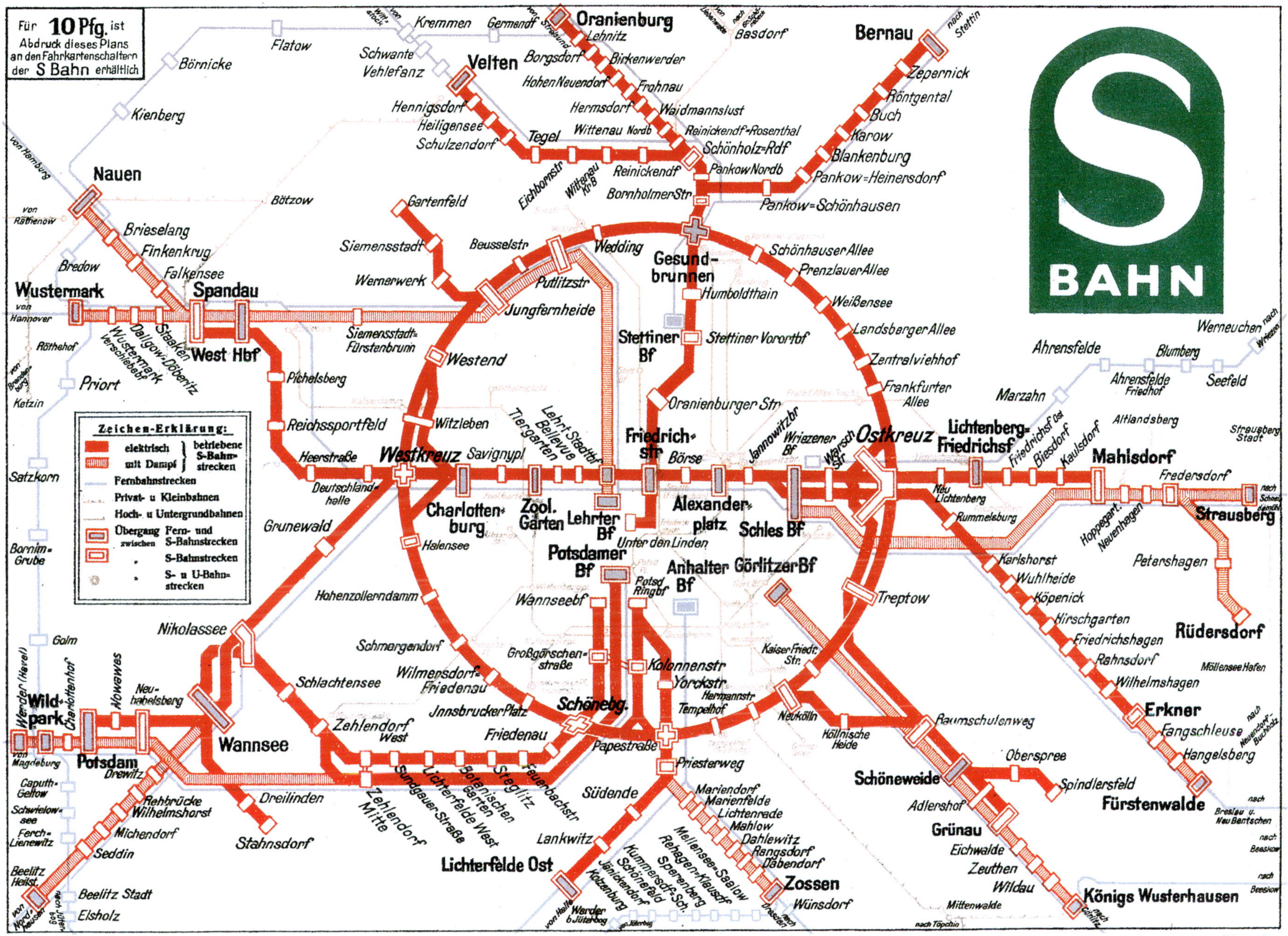
Für 10 Pfg. ist Abdruck dieses Plans an den Fahrkartenschaltern der S Bahn erhältlich
S BAHN
Zeichen-Erklärung:
elektrisch
mit Dampf
betriebene S-Bahn-strecken
Fernbahnstrecken
Privat- u Kleinbahnen
Hoch- u Untergrundbahnen
Übergang zwischen Fern- und S-Bahnstrecken
S-Bahnstrecken
S- u U-Bahn-strecken
Oranienburg
Lehnitz
Borgsdorf
Birkenwerder
Hohen Neuendorf
Frohnau
Hermsdorf
Waidmannslust
Wittenau Nordb
Reinickendf=Rosenthal
Schönholz=Rdf
Reinickendf
Pankow Nordb
Bornholmer Str
Bernau
Zepernick
Röntgental
Buch
Karow
Blankenburg
Pankow=Heinersdorf
Pankow=Schönhausen
Basdorf
Kremmen
Germendf
Schwante
Vehlefanz
Velten
Hennigsdorf
Heiligensee
Schulzendorf
Tegel
Eichbornstr
Wittenau KrB
Flatow
Börnicke
Kienberg
Nauen
Bötzow
Brieselang
Finkenkrug
Falkensee
Bredow
Wustermark
Spandau
West Hbf
Staaken
Dallgow-Döberitz
Wustermark Verschiebebf
Röthehof
Priort
Ketzin
Satzkorn
Bornim=Grube
Golm
Gartenfeld
Siemensstadt
Wernerwerk
Beusselstr
Putlitzstr
Jungfernheide
Wedding
Gesundbrunnen
Humboldthain
Schönhauser Allee
Prenzlauer Allee
Weißensee
Landsberger Allee
Zentralviehhof
Frankfurter Allee
Stettiner Bf
Stettiner Vorortbf
Oranienburger Str
Siemensstadt=Fürstenbrunn
Westend
Pichelsberg
Reichssportfeld
Witzleben
Heerstraße
Westkreuz
Savignypl
Tiergarten
Bellevue
Lehrt Stadtbf
Friedrichstr
Börse
Jannowitzbr
Wriezener Bf
Warsch Str
Ostkreuz
Lichtenberg-Friedrichsf
Friedrichsf Ost
Biesdorf
Kaulsdorf
Mahlsdorf
Fredersdorf
Strausberg
Neu Lichtenberg
Rummelsburg
Hoppegart
Neuenhagen
Petershagen
Rüdersdorf
Ahrensfelde
Blumberg
Werneuchen
Ahrensfelde Friedhof
Seefeld
Marzahn
Altlandsberg
Strausberg Stadt
Deutschlandhalle
Charlottenburg
Zool. Garten
Lehrter Bf
Alexanderplatz
Schles Bf
Unter den Linden
Potsdamer Bf
Anhalter Bf
Görlitzer Bf
Halensee
Grunewald
Hohenzollerndamm
Wannseebf
Potsd Ringbf
Treptow
Karlshorst
Wuhlheide
Köpenick
Hirschgarten
Friedrichshagen
Rahnsdorf
Wilhelmshagen
Erkner
Fangschleuse
Hangelsberg
Fürstenwalde
Möllensee Hafen
Nikolassee
Schmargendorf
Großgörschenstraße
Kolonnenstr
Yorckstr
Hermannstr
Tempelhof
Kaiser Friedr. Str.
Neukölln
Köllnische Heide
Baumschulenweg
Schöneweide
Oberspree
Spindlersfeld
Adlershof
Grünau
Eichwalde
Zeuthen
Wildau
Mittenwalde
Königs Wusterhausen
Schlachtensee
Wilmersdorf-Friedenau
Innsbrucker Platz
Schöneberg
Friedenau
Papestraße
Priesterweg
Zehlendorf West
Wannsee
Neubabelsberg
Wildpark
Potsdam
Drewitz
Charlottenhof
Werder (Havel)
Howawes
Caputh-Geltow
Schwielowsee
Ferch-Lienewitz
Beelitz Heilst.
Beelitz Stadt
Elsholz
Rehbrücke
Wilhelmshorst
Michendorf
Seddin
Dreilinden
Stahnsdorf
Zehlendorf Mitte
Sundgauer Straße
Lichterfelde West
Botanischer Garten
Steglitz
Feuerbachstr
Südende
Lankwitz
Lichterfelde Ost
Mariendorf
Marienfelde
Lichtenrade
Mahlow
Dahlewitz
Rangsdorf
Dabendorf
Zossen
Wünsdorf
Mellensee-Saalow
Rehagen-Klausdf
Sperenberg
Kummersdf-Sch
Schönefeld
Jänickendorf
Kotzenburg
Werder b Jüterbog
von Hamburg
von Rathenow
von Hannover
von Magdeburg
nach Stettin
nach Wriezen
nach Schneidemühl
nach Breslau u. Neu Bentschen
nach Beeskow
nach Görlitz
nach Töpchin
von Halle
nach Dresden

Preisstufen und Fahrzeiten bis S-Bahnhof Olympiastadion, 1936

Noch immer wird bei allen, die sich mit der Geschichte der Berliner S-Bahn beschäftigen, ehrfurchtsvoll auf den Bahnbetrieb im Jahr der Olympischen Spiele in Deutschland verwiesen: Im Sommer 1936 fuhren Züge der S-Bahn im 90-Sekunden-Takt, mehr war nicht vorstellbar und auch nicht sinnvoll. Dazu bedurfte es sowohl eines leistungsfähigen Blocksystems und hochmoderner elektrischer Fahrzeuge wie auch eines besonders disziplinierten Reisepublikums. Für den Erfolg war es zudem wichtig, die Fahrgäste gut zu informieren und zu leiten. Diesem Zweck diente ein Faltblatt »In Berlin mit der S-Bahn zu den Olympischen Kampfstätten« am Reichssportfeld und in Grünau, welches die Reichsbahndirektion Berlin großzügig verteilen ließ. Die Lage der »Kampfstätten« sowie die Preisstufen und Reisezeiten waren genau angegeben; damals bestand ein Entfernungstarif mit 28 Preisstufen jeweils für die 2. und 3. Klasse. Es wurde empfohlen, die Fahrkarten für die Rückfahrt bereits im voraus zu kaufen, um lange Warteschlangen am Olympiastadion zu vermeiden. Bemerkenswert an dieser Darstellung ist ferner, dass die Strecke vom Wriezener Bahnhof nach Werneuchen am Ostrand der Stadt nicht zum System der Berliner S-Bahn zählte. Das obere Bild zeigt den am 28. Juli 1936 eröffneten Pavillon der Nordsüd-S-Bahn am Stettiner Bahnhof mit der Invalidenstraße. Im unteren Bild ein Blick vom Potsdamer Platz in die damalige »Saarlandstraße« (heute: Stresemannstraße). Rechts vor dem »Haus Vaterland« steht eine Baracke zum Bau des S-Bahnhofs Potsdamer Platz, der am 15. April 1939 in Betrieb genommen wurde.

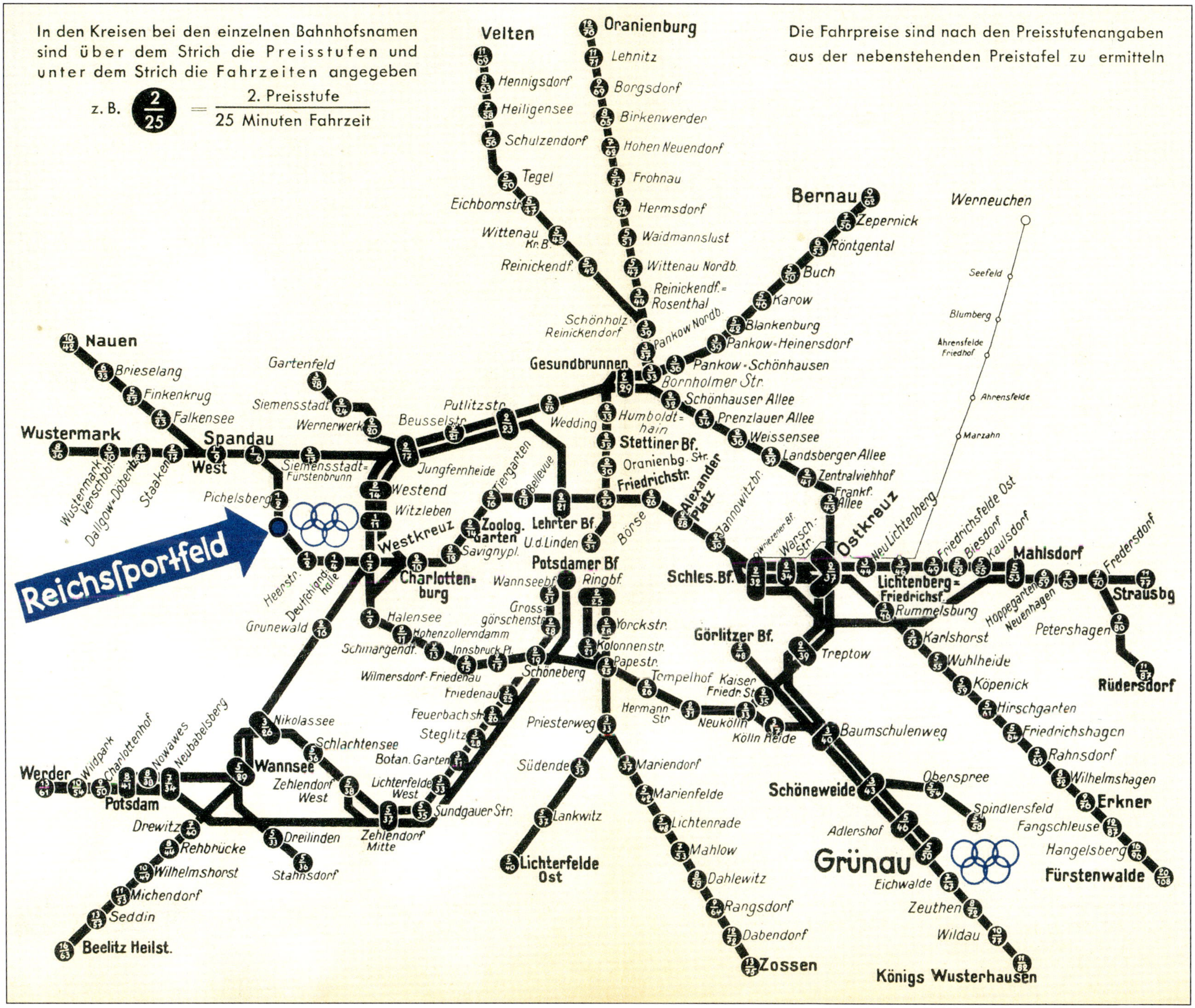
In den Kreisen bei den einzelnen Bahnhofsnamen sind über dem Strich die Preisstufen und unter dem Strich die Fahrzeiten angegeben
z. B. 2/25 = 2. Preisstufe / 25 Minuten Fahrzeit
Die Fahrpreise sind nach den Preisstufenangaben aus der nebenstehenden Preistafel zu ermitteln
Reichssportfeld
Velten
Hennigsdorf
Heiligensee
Schulzendorf
Tegel
Eichbornstr.
Wittenau Kr. B.
Reinickendf.
Oranienburg
Lehnitz
Borgsdorf
Birkenwerder
Hohen Neuendorf
Frohnau
Hermsdorf
Waidmannslust
Wittenau Nordb.
Reinickendf.=Rosenthal
Schönholz=Reinickendorf
Pankow Nordb.
Bernau
Zepernick
Röntgental
Buch
Karow
Blankenburg
Pankow=Heinersdorf
Pankow-Schönhausen
Werneuchen
Seefeld
Blumberg
Ahrensfelde Friedhof
Ahrensfelde
Marzahn
Nauen
Brieselang
Finkenkrug
Falkensee
Wustermark
Wustermark Verschbhf.
Dallgow=Döberitz
Staaken
Spandau West
Gartenfeld
Siemensstadt
Wernerwerk
Siemensstadt=Fürstenbrunn
Pichelsberg
Heerstr.
Deutschlandhalle
Grunewald
Gesundbrunnen
Bornholmer Str.
Schönhauser Allee
Prenzlauer Allee
Weissensee
Landsberger Allee
Zentralviehhof
Frankf. Allee
Putlitzstr.
Beusselstr.
Wedding
Humboldthain
Stettiner Bf.
Oranienbg. Str.
Friedrichstr.
Jungfernheide
Westend
Witzleben
Westkreuz
Tiergarten
Bellevue
Zoolog. Garten
Lehrter Bf.
U.d.Linden
Savignypl.
Charlottenburg
Börse
Alexander Platz
Jannowitzbr.
Wriezener Bf.
Warsch. Str.
Schles. Bf.
Ostkreuz
Neu Lichtenberg
Friedrichsfelde Ost
Biesdorf
Kaulsdorf
Mahlsdorf
Fredersdorf
Strausbg
Lichtenberg=Friedrichsf.
Rummelsburg
Hoppegarten
Neuenhagen
Petershagen
Rüdersdorf
Potsdamer Bf
Wannseebf.
Ringbf.
Halensee
Hohenzollerndamm
Schmargendf.
Innsbruck Pl.
Wilmersdorf-Friedenau
Gross-görschenstr.
Yorckstr.
Kolonnenstr.
Papestr.
Schöneberg
Friedenau
Feuerbachstr.
Steglitz
Botan. Garten
Lichterfelde West
Sundgauer Str.
Zehlendorf Mitte
Priesterweg
Südende
Lankwitz
Lichterfelde Ost
Tempelhof
Hermann-Str.
Neukölln
Kaiser Friedr. Str.
Köln Heide
Görlitzer Bf.
Treptow
Baumschulenweg
Schöneweide
Karlshorst
Wuhlheide
Köpenick
Hirschgarten
Friedrichshagen
Rahnsdorf
Wilhelmshagen
Erkner
Fangschleuse
Hangelsberg
Fürstenwalde
Oberspree
Spindlersfeld
Adlershof
Grünau
Eichwalde
Zeuthen
Wildau
Königs Wusterhausen
Mariendorf
Marienfelde
Lichtenrade
Mahlow
Dahlewitz
Rangsdorf
Dabendorf
Zossen
Nikolassee
Schlachtensee
Wannsee
Zehlendorf West
Dreilinden
Stahnsdorf
Werder
Wildpark
Charlottenhof
Potsdam
Nowawes
Neubabelsberg
Drewitz
Rehbrücke
Wilhelmshorst
Michendorf
Seddin
Beelitz Heilst.

Übersichtskarte mit Betriebsüberwachungsstellen, 1937

Um den Eisenbahnverkehr in einer Großstadt wie Berlin durchzuführen, bedarf es nicht nur der Menschen auf den Fahrzeugen und an den Stationen. Man benötigt außerdem die Männer hinter den Stellwerken, die Bauarbeiter und das Werkstattpersonal. Schließlich braucht es noch Disponenten und Kontrolleure, welche die Betriebslage beobachten und bei größeren Schwankungen oder Verspätungen rasch die richtigen Entscheidungen treffen können. 1937 verfügte die Deutsche Reichsbahn im Berliner Raum für ihre sieben Verschiebebahnhöfe und ein Dutzend von Fernstrecken über mehrere Betriebsüberwachungsstellen, deren Standorte in der kleinen Karte dargestellt sind. Einblick in eine zumeist eher verborgene Seite des Berliner Eisenbahnwesens abseits vom Personenverkehr gewährt auch die größer wiedergegebene »Übersichtskarte für den Güterverkehr von Groß-Berlin« nach dem Stand vom 1. Juni 1941. Darin sind Dutzende von Güterbahnhöfen unterschiedlicher Klassen aufgeführt: Handel und Industrie in der Reichshauptstadt waren zur Versorgung mit Rohstoffen ebenso abhängig von der Eisenbahn wie die Privathaushalte beim Bezug von Kartoffeln, Kohle oder Umzugsgut. Zahlreiche Sonderzüge für Personen hat man in jenen Jahren auf den Berliner Güterbahnhöfen abgefertigt, darunter Transporte mit Soldaten, Kindern und Zwangsarbeitern. Von 1941 bis 1945 wurden mehr als 50 000 Juden in Zügen von den Güterbahnhöfen Grunewald und Moabit sowie in Einzelwagen vom Anhalter Personenbahnhof deportiert; an diesen Plätzen sind inzwischen Mahnmale zu finden.

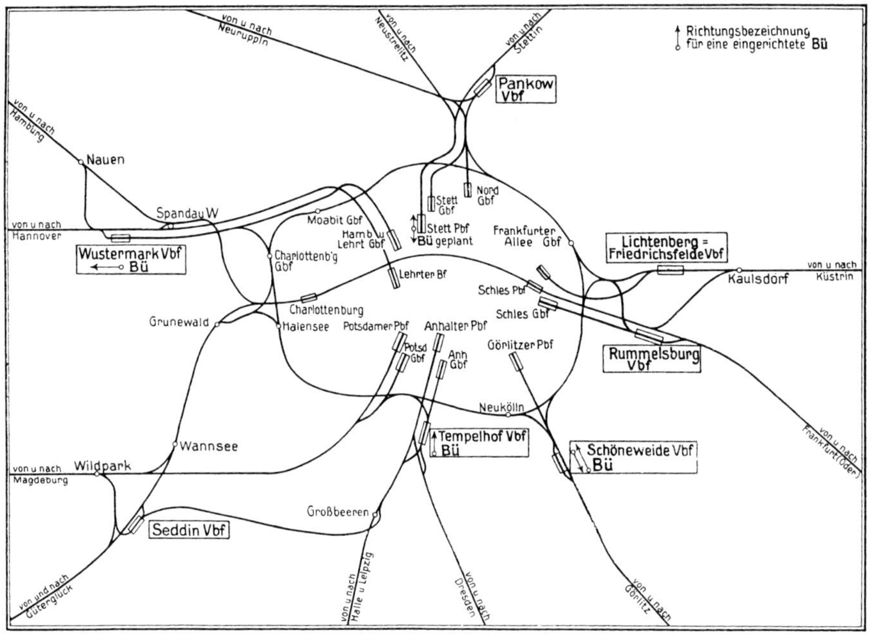

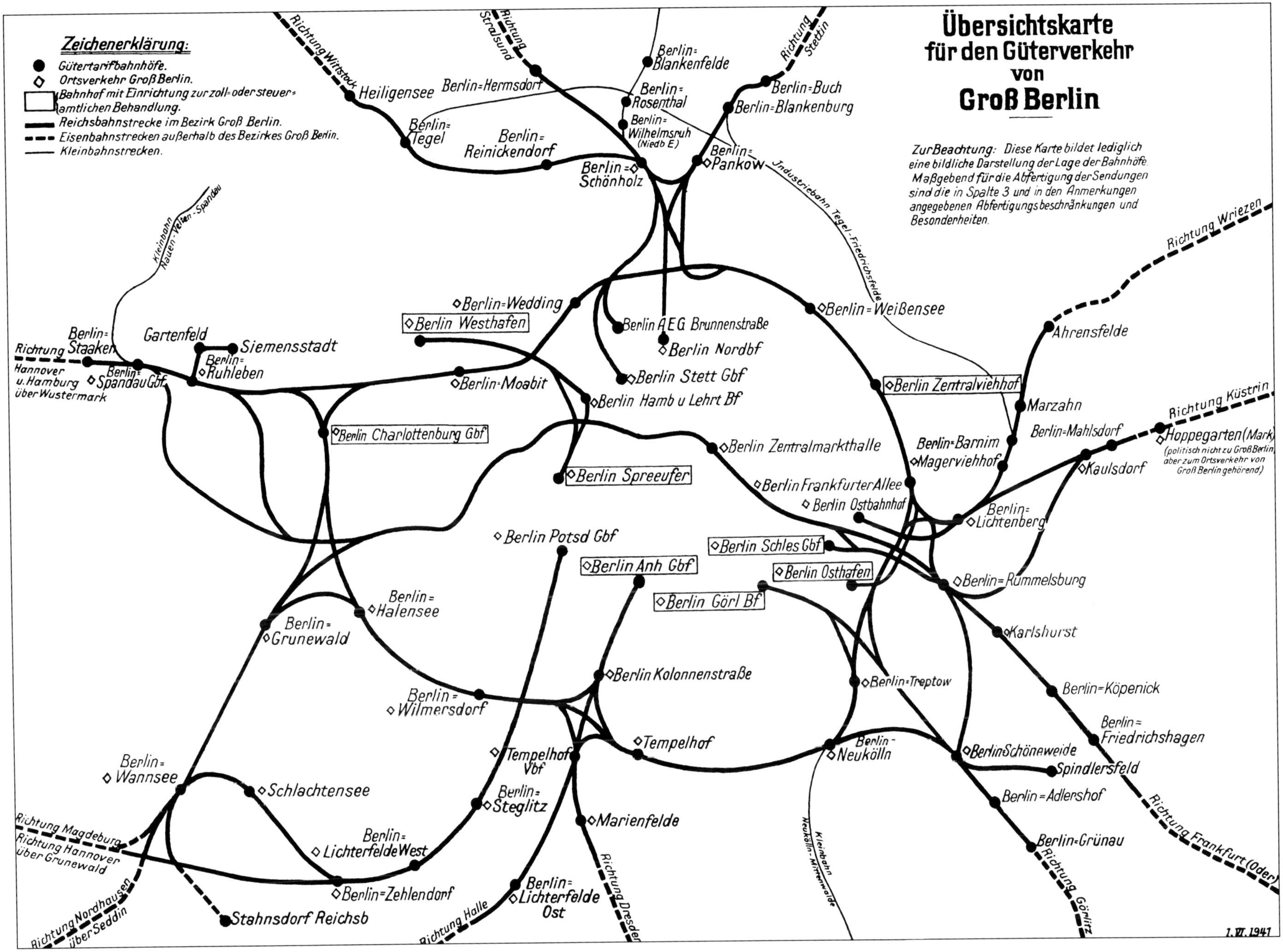

Übersichtskarte
für den Güterverkehr
von
Groß Berlin
Zeichenerklärung:
Gütertarifbahnhöfe.
Ortsverkehr Groß Berlin.
Bahnhof mit Einrichtung zur zoll- oder steueramtlichen Behandlung.
Reichsbahnstrecke im Bezirk Groß Berlin.
Eisenbahnstrecken außerhalb des Bezirkes Groß Berlin.
Kleinbahnstrecken.
Zur Beachtung: Diese Karte bildet lediglich eine bildliche Darstellung der Lage der Bahnhöfe. Maßgebend für die Abfertigung der Sendungen sind die in Spalte 3 und in den Anmerkungen angegebenen Abfertigungsbeschränkungen und Besonderheiten.
Richtung Wittstock
Richtung Stralsund
Richtung Stettin
Richtung Wriezen
Richtung Küstrin
Richtung Frankfurt (Oder)
Richtung Görlitz
Richtung Dresden
Richtung Halle
Richtung Nordhausen über Seddin
Richtung Magdeburg
Richtung Hannover über Grunewald
Richtung Hannover u. Hamburg über Wustermark
Heiligensee
Berlin-Hermsdorf
Berlin-Blankenfelde
Berlin-Rosenthal
Berlin-Wilhelmsruh (Niedb E)
Berlin-Buch
Berlin-Blankenburg
Berlin-Tegel
Berlin-Reinickendorf
Berlin-Schönholz
Berlin-Pankow
Industriebahn Tegel-Friedrichsfelde
Kleinbahn Nauen-Velten-Spandau
Berlin-Wedding
Berlin Westhafen
Berlin AEG Brunnenstraße
Berlin Nordbf
Berlin-Weißensee
Berlin-Staaken
Gartenfeld
Siemensstadt
Berlin-Ruhleben
Berlin-Spandau Gbf
Berlin-Moabit
Berlin Stett Gbf
Berlin Hamb u Lehrt Bf
Berlin Zentralviehhof
Ahrensfelde
Marzahn
Berlin Charlottenburg Gbf
Berlin Zentralmarkthalle
Berlin-Barnim
Magerviehhof
Berlin-Mahlsdorf
Hoppegarten (Mark) (politisch nicht zu Groß Berlin aber zum Ortsverkehr von Groß Berlin gehörend)
Kaulsdorf
Berlin Spreeufer
Berlin Frankfurter Allee
Berlin Ostbahnhof
Berlin-Lichtenberg
Berlin Potsd Gbf
Berlin Schles Gbf
Berlin Anh Gbf
Berlin Osthafen
Berlin-Rummelsburg
Berlin Görl Bf
Berlin-Halensee
Berlin-Grunewald
Karlshorst
Berlin Kolonnenstraße
Berlin-Treptow
Berlin-Köpenick
Berlin-Wilmersdorf
Berlin-Friedrichshagen
Tempelhof
Berlin-Neukölln
Berlin Schöneweide
Tempelhof Vbf
Spindlersfeld
Berlin-Wannsee
Schlachtensee
Berlin-Steglitz
Berlin-Adlershof
Marienfelde
Berlin-Lichterfelde West
Berlin-Grünau
Kleinbahn Neukölln-Mittenwalde
Berlin-Zehlendorf
Berlin-Lichterfelde Ost
Stahnsdorf Reichsb
1. VI. 1941

Ausflugskarte der BVG, 1939

In Erweiterung des BVG-Netzplanes zeigt die Ausflugskarte, die in anderer Form auch die Rückseite des großen Liniennetzes zierte, die Langstrecken des Verkehrsunternehmens. Einzelne Straßenbahnlinien überschritten aus historischen Gründen längst die Stadtgrenzen von 1920, während Konzessionen für reguläre Buslinien in das Umland auch damals schwer zu erhalten waren. So sind neben den bekannten »Dreieckslinien« für Ausflugsfahrten auch diejenigen auffälligen BVG-Autobusrouten zu betrachten, die Groß-Berlin auf ihrer Fahrt verließen. Ein gewisser Wettbewerb mit den Tarifen der Eisenbahn spricht aus dem Text: »*Für wenig Geld, für die niedrigen Fahrpreise des Stadttarifs, bringen Sie die Verkehrsmittel der BVG zu den ausgedehnten Waldungen an Havel und Spree, in die schöne seenreiche Umgebung Berlins.*« Allerdings galten in Vorort-Buslinien, die seit 1929 eigene Linien-Kennbuchstaben in Anlehnung an ihre Fahrtziele trugen, stets die in den Wagen aushängenden besonderen Tarife. Eine weitere Ausflugsmöglichkeit in die Berliner Umgebung boten die Privatbahnen, etwa die am Bahnhof Hermannstraße anschließende Neukölln-Mittenwalder Eisenbahn und die im Bahnhof Wilhelmsruh anschließende Niederbarnimer Eisenbahn, besser bekannt unter dem Namen »Heidekrautbahn«. Ihre Streckenkarte mit dem Anschluß an die S-Bahn in Berlin-Wilhelmsruh ist nebenstehend wiedergegeben; Stand vom letzten Sommer im Frieden, 1939.

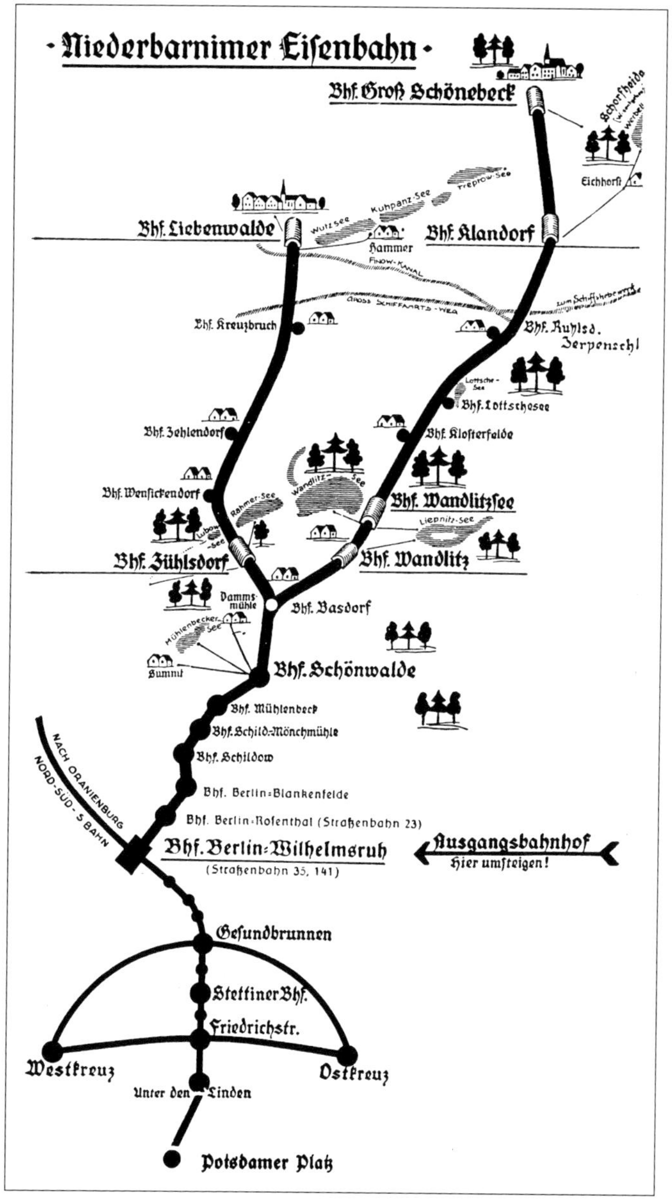

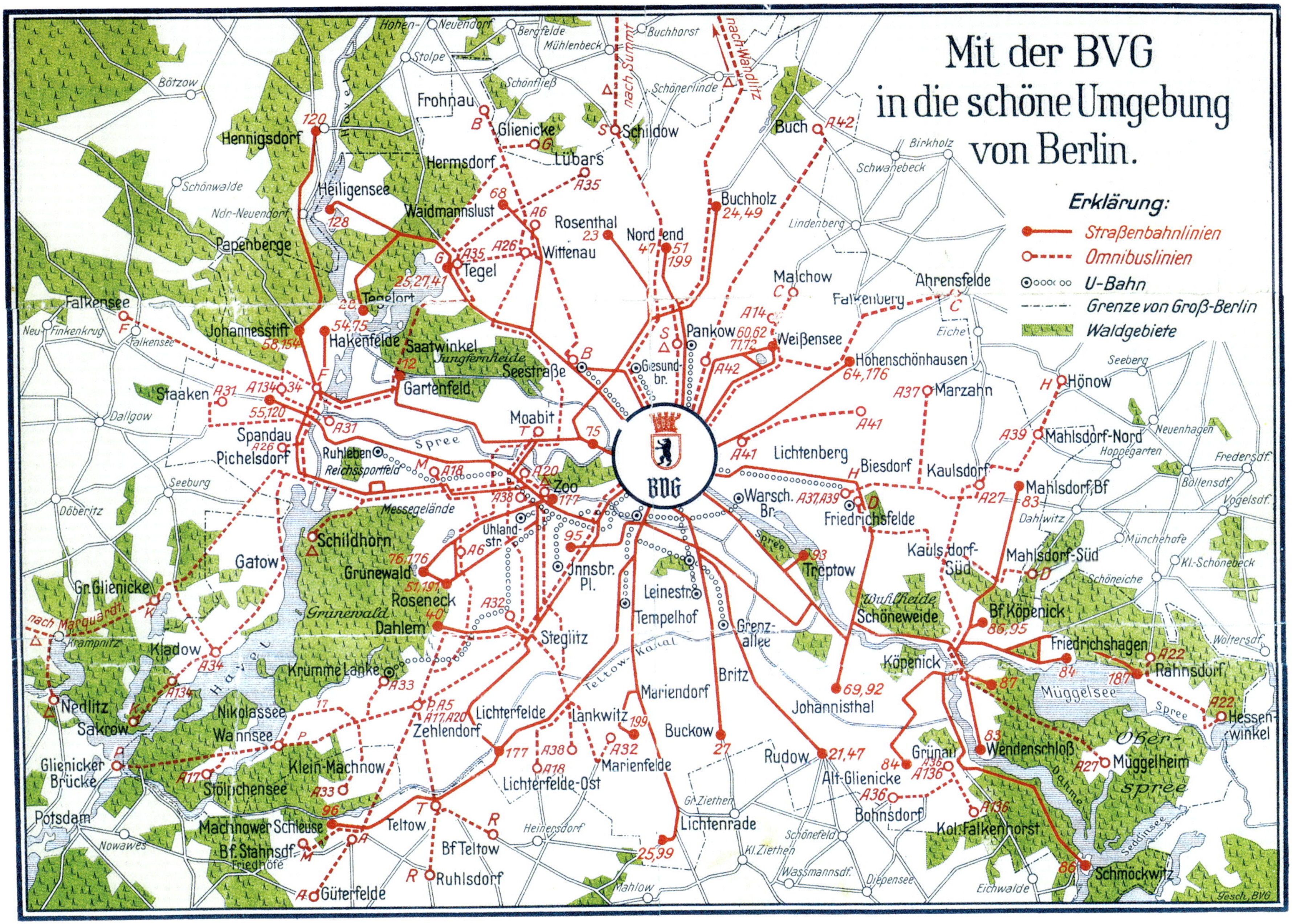

Mit der BVG
in die schöne Umgebung
von Berlin.
Erklärung:
Straßenbahnlinien
Omnibuslinien
U-Bahn
Grenze von Groß-Berlin
Waldgebiete
BVG
Hennigsdorf
Heiligensee
Hermsdorf
Frohnau
Glienicke
Lübars
Schildow
Buch
Waidmannslust
Wittenau
Rosenthal
Nordend
Buchholz
Tegel
Tegelort
Johannesstift
Hakenfelde
Saatwinkel
Jungfernheide
Seestraße
Gartenfeld
Pankow
Weißensee
Malchow
Falkenberg
Ahrensfelde
Hohenschönhausen
Marzahn
Hönow
Falkensee
Staaken
Spandau
Pichelsdorf
Ruhleben
Reichssportfeld
Moabit
Spree
Zoo
Messegelände
Uhlandstr.
Lichtenberg
Biesdorf
Kaulsdorf
Mahlsdorf-Nord
Mahlsdorf Bf
Warsch. Br.
Friedrichsfelde
Kaulsdorf-Süd
Mahlsdorf-Süd
Schildhorn
Gatow
Grunewald
Roseneck
Dahlem
Steglitz
Innsbr. Pl.
Leinestr.
Tempelhof
Grenzallee
Treptow
Wuhlheide
Schöneweide
Bf. Köpenick
Köpenick
Friedrichshagen
Rahnsdorf
Müggelsee
Hessenwinkel
Gr. Glienicke
Kladow
Havel
Krumme Lanke
Nedlitz
Sakrow
Nikolassee
Wannsee
Zehlendorf
Lichterfelde
Lankwitz
Mariendorf
Britz
Johannisthal
Buckow
Rudow
Alt-Glienicke
Grünau
Wendenschloß
Müggelheim
Glienicker Brücke
Klein-Machnow
Stolpchensee
Potsdam
Machnower Schleuse
Teltow
Bf. Stahnsdf. Friedhöfe
Bf Teltow
Lichterfelde-Ost
Marienfelde
Lichtenrade
Bohnsdorf
Kol. Falkenhorst
Schmöckwitz
Güterfelde
Ruhlsdorf
Teltow-Kanal
nach Marquardt
nach Summt
nach Wandlitz
Gesch. BVG

Berliner Innenstadtplan mit BVG-Linien, 1939

Den letzten Entwicklungsstand des öffentlichen Personennahverkehrs in der Reichshauptstadt Berlin vor dem Beginn des Zweiten Weltkriegs verkörpert dieser Ausschnitt des BVG-Plans vom Mai 1939. Er zeigt den Raum zwischen der umgestellten Siegessäule und der Jannowitzbrücke sowie zwischen dem Humboldthain und den Yorckbrücken, durchzogen von zahlreichen Straßenbahnlinien. Diese sind in roter Farbe dargestellt, die Buslinien mit blauen durchbrochenen Linien. Mit kräftigem Blau erscheint die Untergrundbahn, in blauen Rahmen stehen die Namen der Übergangsbahnhöfe zur Reichsbahn. Mit etwas Mühe ist auch die Nord-Süd-Bahn zu erkennen, deren Weiterführung von Unter den Linden bis zum Potsdamer Platz (ab 15. April 1939) und bis zum Anhalter Bahnhof (ab 9. Oktober 1939) im gleichen Jahr dem Verkehr übergeben werden konnte. Damit wurden durchgehende elektrische Vorortzüge von Velten nach Mahlow, von Bernau nach Lichterfelde-Ost und von Oranienburg nach Wannsee durch den neuen Tunnel möglich. Der Blick in den Stadtplan offenbart viele Namen von Straßen und Plätzen, die nur noch für die folgenden sechs Jahre gültig blieben. Die Bilder vom Gedränge der BVG-Fahrzeuge auf Potsdamer und Leipziger Platz mit dem Verkehrsturm oder vom kühl dekorierten S-Bahnhof Potsdamer Platz (Architekt Richard Brademann) von 1939 gehören schon längst der Vergangenheit an.

BHF. WEDDING
WEDDING
HUMB. HAIN
VOLTASTR.
PRENZL. ALLEE
DANZIGER STR.
REINICKENDORF. STR.
BERNAUER STR.
SCHWARTZKOPFF STR.
PUTLITZSTR.
STETTINER BHF.
STETTIN. BF.
ROSENTHALER PL.
SENEFELD. PL.
Post-Stadion
Sportpl.
HORST WESSEL PL.
WEINMEISTERSTR.
ORANIENB. TOR
LEHRT. BF.
BÖRSE
ALEX. PL.
BHF. FRIEDRICHSTR.
FRIEDR. STR.
SCHILLING STR.
BELLEVUE
Moabit
Königs Pl.
REICHST. GEB.
UNTER D. LINDEN
KLOSTERSTR.
JANNOWITZ BR.
JANNOW. BR.
FRANZÖS. STR.
HAUSVOGTEI PL.
KAISERHOF
STADTMITTE
SPITTELM.
MÄRK. MUSEUM
NEANDERSTR.
Tiergarten
Skagerrak
POTSDAM. PL.
POTSD. BF.
KOCHSTR.
Lützow Pl.
Magdeb. Pl.
ANHALT. BF.
MORITZ PL.
GÖRLITZ. BHF. (ORANIENSTR.)
WITTENB. PL.
NOLLENDF. PL.
KURFÜRST. STR.
GLEISDREIECK
MÖCKERN BR.
PRINZENSTR.
KOTTBUSSER TOR
BÜLOWSTR.
HALL. TOR
VIKT.-LUISE-PL.
BELLE-ALLIANCE-STR.
SCHÖNLEIN STR.
GNEISENAUSTR.
GR. GÖRSCH.-STR.
YORCKSTR.

Bezirk der Reichsbahnbaudirektion Berlin, 1939

Seit 1937, nachdem Hitler den Architekten Albert Speer mit der »Neugestaltung der Reichshauptstadt« beauftragt hatte, bestand bei der Deutschen Reichsbahn eine eigene Baudirektion für Berlin. Die Bahnverwaltung sah in dem Vorhaben eine Möglichkeit, ihre veralteten Kopfbahnhöfe und Betriebsanlagen zu modernisieren, und griff die Pläne bereitwillig auf. Große Flächen am Anhalter und Potsdamer Bahnhof sollten für eine neue Prachtstraße, die Nord-Süd-Achse, freigemacht werden. Für den Fernverkehr waren an der Ringbahn ein Nord- und ein Südbahnhof vorgesehen; 1941 wurden auch für West- und Ostkreuz neue Fernbahnstationen eingeplant. Außerdem wollte man weitere unterirdische S-Bahnen in Moabit, Kreuzberg und Tempelhof bauen, die in der Karte mit dem Kennzeichen »NS« (für Nordsüdbahn) markiert sind. Die anderen eingekreisten Zahlen und die bunten Farben weisen damalige Baubezirksgrenzen nach. Bis auf einige Vorarbeiten blieben diese Zeichnungen unverwirklicht. Speer und Hitler ließen sich aber ein Holzmodell ihrer Phantasien anfertigen; vorn der riesige Südbahnhof, wie er im Juli 1941 aussehen sollte.

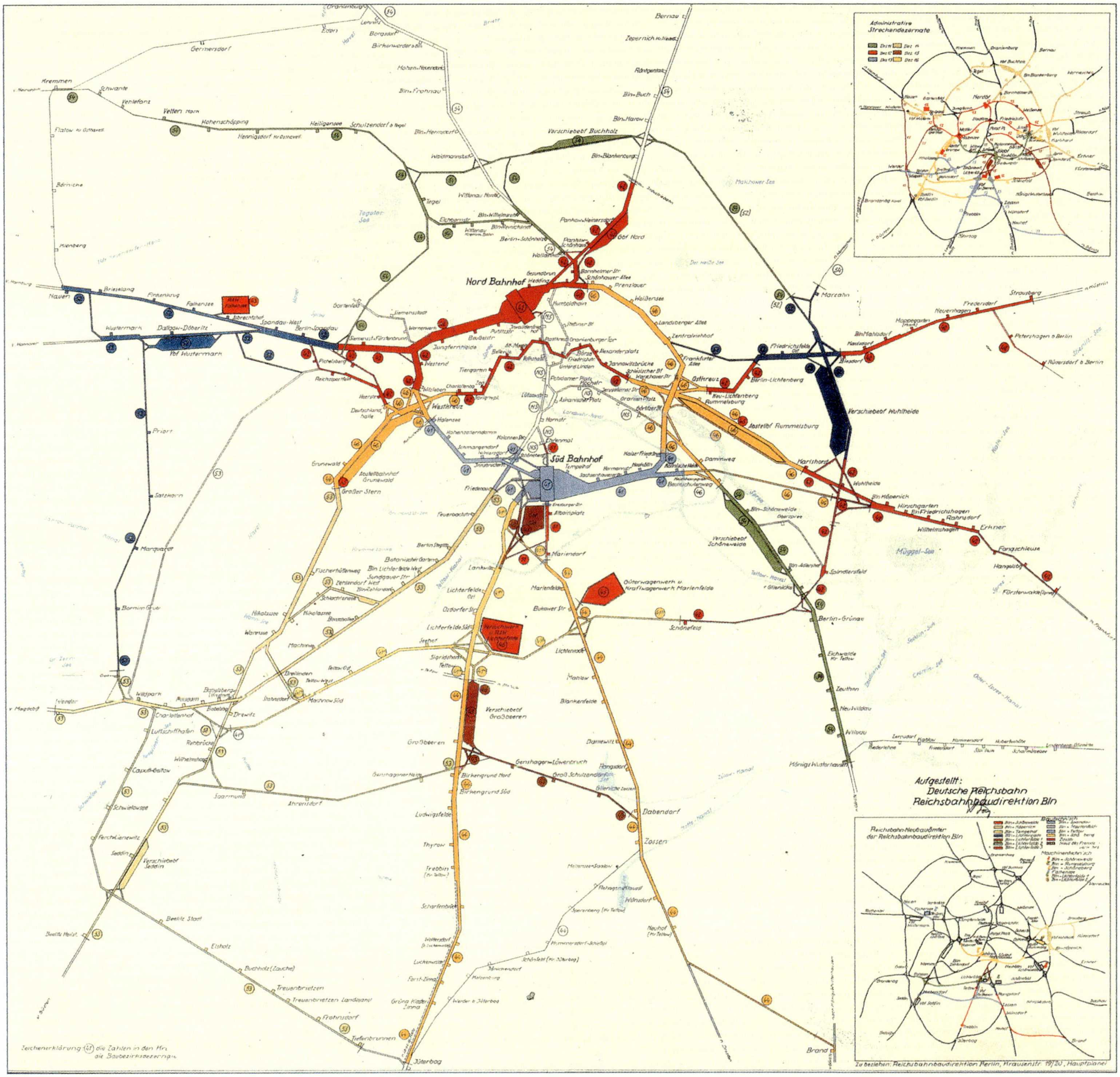
Nord Bahnhof
Süd Bahnhof
Administrative Streckendezernate
Aufgestellt:
Deutsche Reichsbahn
Reichsbahnbaudirektion Bln
Reichsbahn-Neubauämter der Reichsbahnbaudirektion Bln
Zu beziehen: Reichsbahnbaudirektion Berlin, Krausenstr. 19/20, Hauptplanei
Verschiebebf Buchholz
Verschiebebf Wuhlheide
Abstellbf Rummelsburg
Verschiebebf Schöneweide
Verschiebebf Großbeeren
Verschiebebf Seddin
Bbf Wustermark
Abstellbahnhof Grunewald
Güterwagenwerk u. Kraftwagenwerk Marienfelde
Gbf Nord
Bernau
Oranienburg
Strausberg
Erkner
Fürstenwalde (Spree)
Königs Wusterhausen
Zossen
Jüterbog
Brand
Werder
Nauen
Kremmen
Treuenbrietzen
Beelitz Heilst.
Buchholz (Zauche)
Zeichenerklärung (41) die Zahlen in den Kr.
die Baubezirksdezernate

Übersichtskarte der Reichsbahndirektion Berlin, 1943

Als letzter großer Gleisplan vor dem Kriegsende ist diese Aufstellung der Strecken- und Bahnhofsklassen im Berliner Raum herausgekommen, farblich ergänzt um die Dienstbezirke der Reichsbahn-Betriebsämter. Gleise des Güterverkehrs sind mit Querstrichen dargestellt, dagegen sind Fern- und S-Bahn-Verkehr nicht unterschieden. Neben der Nord-Süd-S-Bahn (1936/39) sind Zuwächse durch den viergleisigen Ausbau zwischen Grunewald und Wannsee (1937), zwischen Lichterfelde-Ost und Ludwigsfelde (1943) sowie zwischen Mahlsdorf und Strausberg (1944) zu verzeichnen. Weiter fällt die Anlage des Güteraußenrings von Teltow über Wuhlheide nach Blankenburg auf, der nach 1945 und nach 1961 sehr große Bedeutung erlangen sollte. Außerdem ist die seit Herbst 1939 gültige Umbenennung des Bahnhofs Kaiser-Friedrich-Straße (heute: Sonnenallee) am Südring nach dem Geburtsort Hitlers in »Braunauer Straße« zu erkennen. Trotz zahlreicher Fahrplanhefte und Faltpläne, die von Reichsbahn und BVG billig abgegeben wurden, konnte das Berliner Verkehrsnetz auch gewerbliche Landkartenproduzenten beschäftigen. Große Wirkung im Alltag besaß dagegen die rechts wiedergegebene »Zugverkehrskarte« der S-Bahn vom 1. Oktober 1943. Sie wurde damals an alle Bahnhöfe verteilt. Farbige Eintragungen machten Unterbrechungen der Strecken nach den alliierten Bombenangriffen, die jetzt begonnen hatten, im Aushang kenntlich.

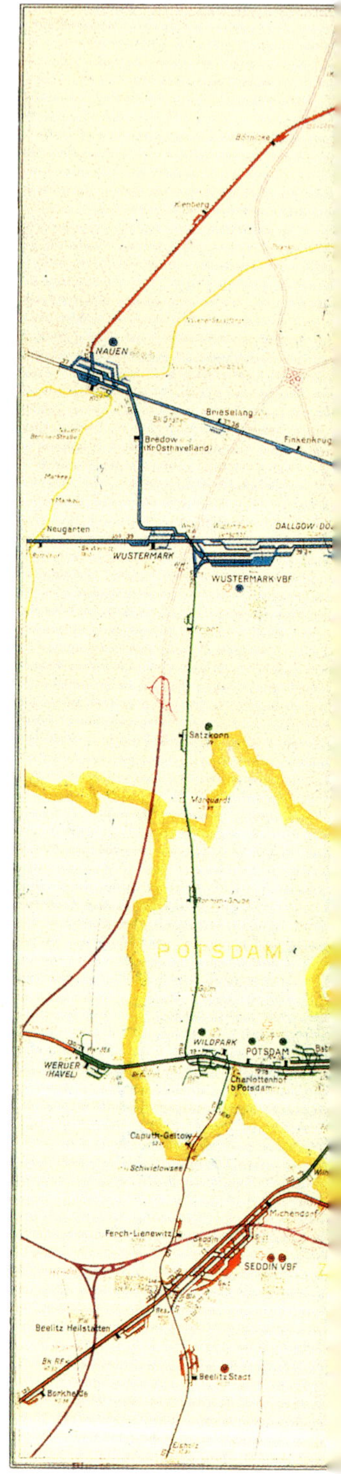

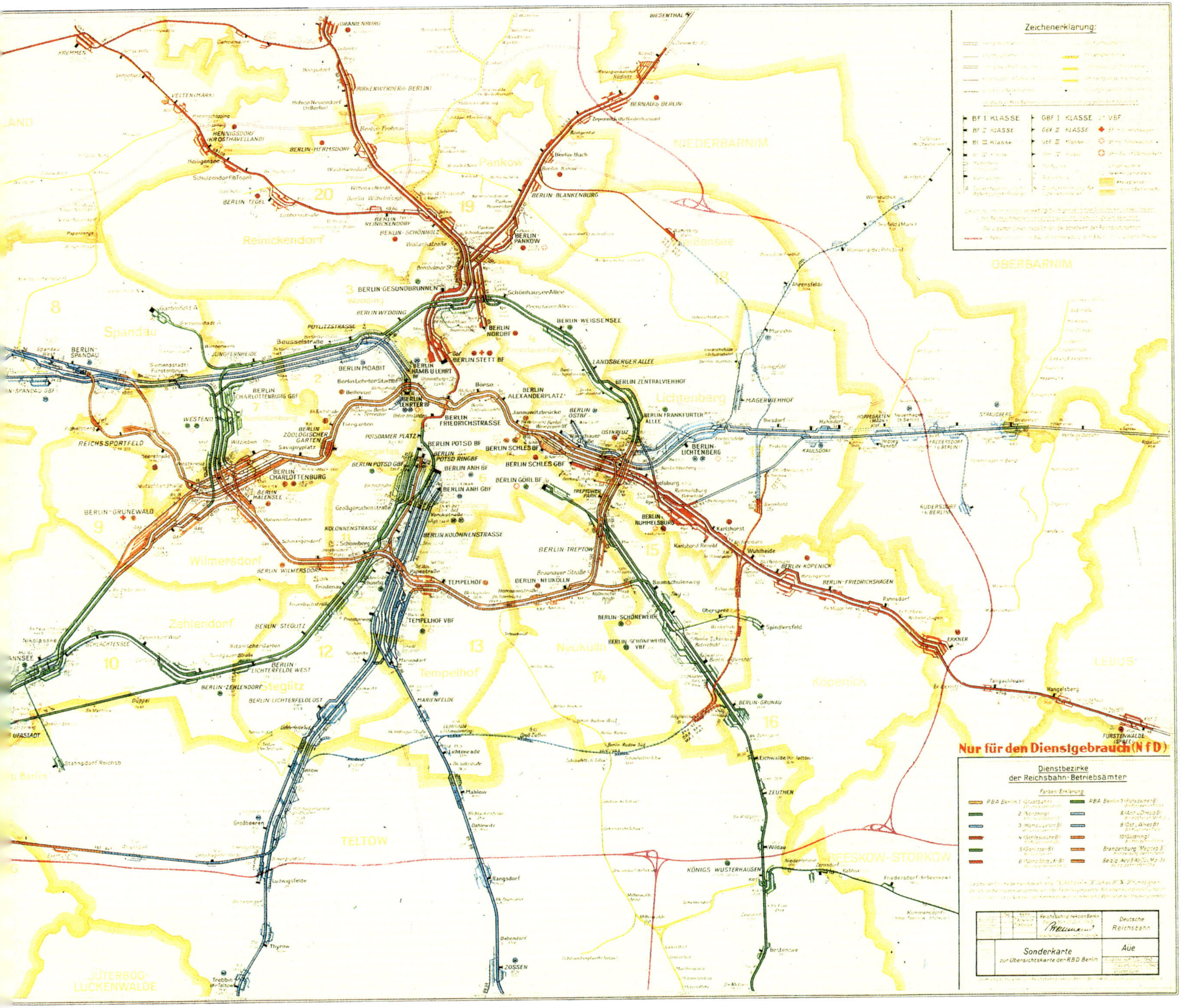

Zeichenerklärung:
NIEDERBARNIM
OBERBARNIM
LEBUS
TELTOW
BEESKOW-STORKOW
JÜTERBOG-LUCKENWALDE
Pankow
Reinickendorf
Spandau
Wedding
Lichtenberg
Wilmersdorf
Zehlendorf
Steglitz
Tempelhof
Neukölln
Köpenick
Weißensee
ORANIENBURG
BERNAU b. BERLIN
BIESENTHAL
KREMMEN
VELTEN (MARK)
HENNIGSDORF
BERLIN-TEGEL
BERLIN-HERMSDORF
BERLIN BLANKENBURG
BERLIN-PANKOW
BERLIN GESUNDBRUNNEN
BERLIN WEDDING
BERLIN NORDBF
BERLIN STETT BF
BERLIN MOABIT
BERLIN SPANDAU
WESTEND
REICHSSPORTFELD
BERLIN ZOOLOGISCHER GARTEN
BERLIN CHARLOTTENBURG
BERLIN-GRUNEWALD
BERLIN ALEXANDERPLATZ
BERLIN FRIEDRICHSTRASSE
BERLIN POTSD BF
BERLIN ANH BF
BERLIN SCHLES BF
BERLIN GÖRL BF
BERLIN TREPTOW
BERLIN NEUKÖLLN
TEMPELHOF
BERLIN KOLONNENSTRASSE
BERLIN WILMERSDORF
BERLIN STEGLITZ
BERLIN-ZEHLENDORF
BERLIN LICHTERFELDE OST
BERLIN-LICHTENBERG
BERLIN RUMMELSBURG
Karlshorst
BERLIN-KÖPENICK
BERLIN-FRIEDRICHSHAGEN
ERKNER
STRAUSBERG
FÜRSTENWALDE (SPREE)
BERLIN-SCHÖNEWEIDE
BERLIN-GRÜNAU
ZEUTHEN
Wildau
KÖNIGS WUSTERHAUSEN
Mahlow
Dahlewitz
Rangsdorf
ZOSSEN
Großbeeren
Ludwigsfelde
Thyrow
Trebbin
Nikolassee
Stahnsdorf Reichsb
Nur für den Dienstgebrauch (N f D)
Dienstbezirke der Reichsbahn-Betriebsämter
Sonderkarte zur Übersichtskarte der RBD Berlin
Deutsche Reichsbahn

Taschenplan der Berliner U-Bahn, 1947

Als dieser kleine »Übersichtsplan der Berliner U-Bahn« im März 1947 herauskam, kostete der Einzelfahrschein noch 0,20 Reichsmark. Zwei Jahre nach dem Kriegsende sind bei den Stationen vielfältige Namensänderungen festzustellen, wie ein Vergleich mit den vorausgegangenen Netzplänen erkennen läßt: Reichkanzlerplatz, Sonnenallee, Südstern, Karl-Marx- Straße in Neukölln sowie Schönhauser Tor und Bersarinstraße gehören bis zu diesem Zeitpunkt dazu. In den nächsten Jahren folgten noch Stalinallee, Thälmannplatz, Dimitroffstraße, Rosa-Luxemburg-Platz und Ernst-Reuter-Platz mit neuen Namen. Bemerkenswert an der vielfarbigen Linien-Übersicht ist ferner, daß die U-Bahnhöfe Stadtpark, Möckernbrücke, Kaiserhof, Spittelmarkt und Osthafen mit einem Kreuz wegen der Kriegsschäden als »zur Zeit nicht in Betrieb« markiert sind. Der »Hundekopf« der S-Bahn-Strecken ist mit dünnen schwarzen Linien vermerkt. Die Fotografien aus dem Jahr 1945 zeigen die immensen Kriegsschäden auf den Bahnhöfen am Nollendorfplatz (erbaut 1902) und Zoologischen Garten (erbaut 1936/1940), die jetzt im amerikanischen und im britischen Sektor von Berlin lagen. Viele Abschnitte der Hochbahn waren zusammengebrochen, lange Tunnelstrecken der Untergrundbahn mit Wasser vollgelaufen. Die Reparatur der Kriegsschäden bei der Berliner U-Bahn dauerte noch bis 1951 an.

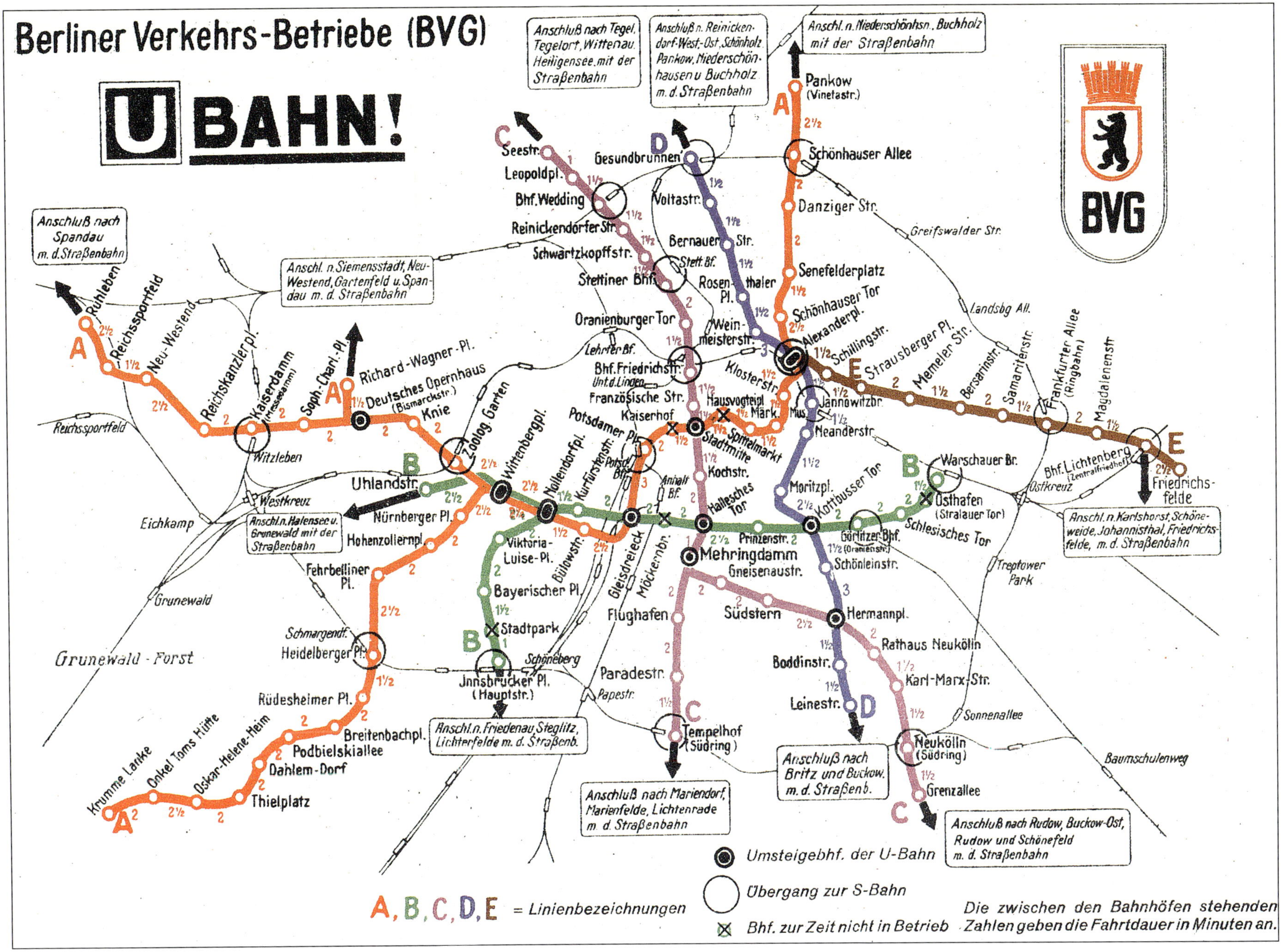

Berliner Verkehrs-Betriebe (BVG)
U BAHN!
BVG
Anschluß nach Tegel, Tegelort, Wittenau, Heiligensee, mit der Straßenbahn
Anschluß n. Reinickendorf-West-Ost, Schönholz, Pankow, Niederschönhausen u. Buchholz m. d. Straßenbahn
Anschl. n. Niederschönhsn., Buchholz mit der Straßenbahn
Anschluß nach Spandau m. d. Straßenbahn
Anschl. n. Siemensstadt, Neu-Westend, Gartenfeld u. Spandau m. d. Straßenbahn
Anschl. n. Halensee u. Grunewald mit der Straßenbahn
Anschl. n. Friedenau, Steglitz, Lichterfelde m. d. Straßenb.
Anschluß nach Mariendorf, Marienfelde, Lichtenrade m. d. Straßenbahn
Anschluß nach Britz und Buckow m. d. Straßenb.
Anschluß nach Rudow, Buckow-Ost, Rudow und Schönefeld m. d. Straßenbahn
Anschl. n. Karlshorst, Schöneweide, Johannisthal, Friedrichsfelde, m. d. Straßenbahn
Pankow (Vinetastr.)
Schönhauser Allee
Danziger Str.
Senefelderplatz
Schönhauser Tor
Alexanderpl.
Greifswalder Str.
Landsbg. All.
Seestr.
Leopoldpl.
Bhf. Wedding
Reinickendorfer Str.
Schwartzkopffstr.
Stettiner Bhf.
Oranienburger Tor
Lehrter Bf.
Bhf. Friedrichstr.
Unt. d. Linden
Französische Str.
Kaiserhof
Stadtmitte
Kochstr.
Hallesches Tor
Mehringdamm
Gneisenaustr.
Südstern
Hermannpl.
Rathaus Neukölln
Karl-Marx-Str.
Neukölln (Südring)
Grenzallee
Flughafen
Paradestr.
Papestr.
Tempelhof (Südring)
Gesundbrunnen
Voltastr.
Bernauer Str.
Stett. Bf.
Rosenthaler Pl.
Weinmeisterstr.
Klosterstr.
Hausvogteipl.
Märk. Mus.
Spittelmarkt
Jannowitzbr.
Neanderstr.
Moritzpl.
Kottbusser Tor
Görlitzer Bhf.
Schönleinstr.
Boddinstr.
Leinestr.
Schillingstr.
Strausberger Pl.
Memeler Str.
Bersarinstr.
Samariterstr.
Frankfurter Allee (Ringbahn)
Magdalenenstr.
Bhf. Lichtenberg (Zentralfriedhof)
Friedrichsfelde
Ostkreuz
Warschauer Br.
Osthafen (Stralauer Tor)
Schlesisches Tor
Prinzenstr.
Anhalt Bf.
Potsdamer Pl.
Potsd. Bf.
Gleisdreieck
Möckernbr.
Kurfürstenstr.
Nollendorfpl.
Wittenbergpl.
Bülowstr.
Viktoria-Luise-Pl.
Bayerischer Pl.
Stadtpark
Schöneberg
Innsbrucker Pl. (Hauptstr.)
Uhlandstr.
Nürnberger Pl.
Hohenzollernpl.
Fehrbelliner Pl.
Heidelberger Pl.
Schmargendf.
Rüdesheimer Pl.
Breitenbachpl.
Podbielskiallee
Dahlem-Dorf
Thielplatz
Oskar-Helene-Heim
Onkel Toms Hütte
Krumme Lanke
Zoolog. Garten
Knie
Deutsches Opernhaus (Bismarckstr.)
Richard-Wagner-Pl.
Soph.-Charl.-Pl.
Kaiserdamm (Messedamm)
Witzleben
Reichskanzlerpl.
Neu-Westend
Reichssportfeld
Ruhleben
Westkreuz
Eichkamp
Grunewald
Grunewald-Forst
Treptower Park
Sonnenallee
Baumschulenweg
Umsteigebhf. der U-Bahn
Übergang zur S-Bahn
Bhf. zur Zeit nicht in Betrieb
A, B, C, D, E = Linienbezeichnungen
Die zwischen den Bahnhöfen stehenden Zahlen geben die Fahrtdauer in Minuten an.

BVG-Verkehrsnetz mit Sektoreneinteilung, 1950

Nach der ersten Reparatur von Kriegsschäden und nach dem Ende der Berliner Blockade zeigt dieser Linienplan mit Stand vom Oktober 1950 bereits die Teilung der Stadt an. Seit dem 1. September 1949 bestand für den sowjetischen Sektor eine eigene BVG-Direktion. Der sogenannte Intersektorenverkehr wurde mehrmals unterbrochen und deshalb stetig vermindert. Am 14. Oktober 1950 wurde auch der Straßenbahnverkehr von West-Berlin in die DDR auf der Linie 96 eingestellt. Innerhalb der Stadt fand jetzt auf den rund zehn im Jahr 1950 noch durchgehenden Straßenbahnlinien an der Sektorengrenze ein Schaffnerwechsel statt, weil nun auf jeder Seite in einer anderen Währung kassiert werden mußte. Allmählich bauten beide Stadthälften eigene Nahverkehrsnetze auf. Am 15. Januar 1953 endete, ausgelöst durch einen Streit über den Einsatz von weiblichem Fahrpersonal, der Verkehr von Straßenbahnen aus dem Ostsektor nach Westen und umgekehrt. Die Linien auf Ost und West, teilweise noch mit gleichen Nummern, endeten fortan zu beiden Seiten der Sektorengrenze, und die Fahrgäste mußten eine kurze Strecke dazwischen zu Fuß zurücklegen. Die Pläne auf Seite 57 zeigen diesen Zustand. Beim Bau der Berliner Mauer am 13.August 1961 mußte also dieses Netz nicht mehr zerrissen werden. Die Aufnahmen zeigen eine Straßenbahn der Linie 1 vor dem Friedrichstadtpalast an der Weidendammer Brücke, ferner eine Bahn der Linie 73 am Potsdamer Platz mit dem ausgebrannten Columbushaus nach den Unruhen vom 17. Juni 1953.

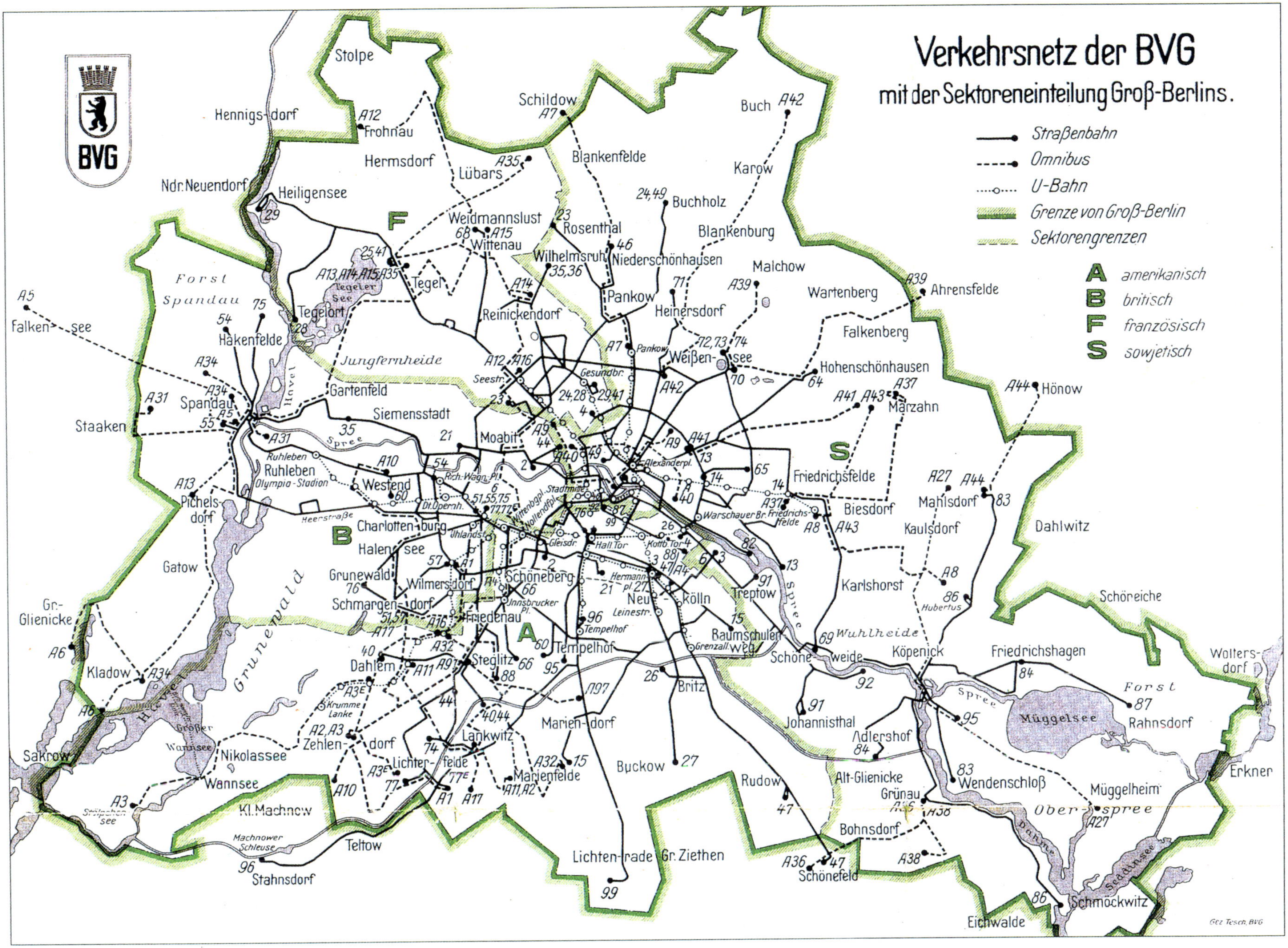
Verkehrsnetz der BVG
mit der Sektoreneinteilung Groß-Berlins.
Straßenbahn
Omnibus
U-Bahn
Grenze von Groß-Berlin
Sektorengrenzen
A amerikanisch
B britisch
F französisch
S sowjetisch
BVG
Stolpe
Hennigs-dorf
Frohnau
Hermsdorf
Lübars
Schildow
Blankenfelde
Buch
Karow
Buchholz
Blankenburg
Ndr. Neuendorf
Heiligensee
Weidmannslust
Wittenau
Rosenthal
Wilhelmsruh
Niederschönhausen
Malchow
Wartenberg
Ahrensfelde
Forst Spandau
Tegeler See
Tegel
Tegelort
Reinickendorf
Pankow
Heinersdorf
Falkenberg
Falken-see
Hakenfelde
Jungfernheide
Weißen-see
Hohenschönhausen
Gartenfeld
Siemensstadt
Gesundbr.
Marzahn
Hönow
Spandau
Staaken
Havel
Spree
Moabit
Alexanderpl.
Ruhleben
Olympia-Stadion
Westend
Rich.-Wagn.-Pl.
Friedrichsfelde
Pichels-dorf
Heerstraße
Charlotten-burg
Warschauer Br.
Biesdorf
Mahlsdorf
Kaulsdorf
Dahlwitz
Halen-see
Uhlandst.
Gleisdr.
Hall Tor
Kottb. Tor
Gatow
Grunewald
Wilmersdorf
Schöneberg
Hermann-pl.
Neu-Kölln
Treptow
Karlshorst
Schmargen-dorf
Innsbrucker Pl.
Friedenau
Leinestr.
Tempelhof
Baumschulen-weg
Hubertus
Schöneiche
Gr.-Glienicke
Kladow
Dahlem
Steglitz
Wuhlheide
Schöne-weide
Köpenick
Friedrichshagen
Wolters-dorf
Krumme Lanke
Britz
Marien-dorf
Johannisthal
Forst
Müggelsee
Rahnsdorf
Großer Wannsee
Zehlen-dorf
Lankwitz
Adlershof
Sakrow
Nikolassee
Wannsee
Lichter-felde
Marienfelde
Buckow
Rudow
Alt-Glienicke
Grünau
Wendenschloß
Müggelheim
Erkner
Kl. Machnow
Teltow
Machnower Schleuse
Stahnsdorf
Bohnsdorf
Ober-spree
Dahme
Seddinsee
Lichten-rade
Gr. Ziethen
Schönefeld
Eichwalde
Schmöckwitz
Gez. Tesch. BVG

Übersichtsplan der Berliner S-Bahn, 1960

Durch den Befehl Nr. 8 der Sowjetischen Militäradministration vom 11. August 1945 und mit Zustimmung der Westalliierten war festgelegt, daß der Eisenbahnverkehr in Berlin von der Deutschen Reichsbahn durchgeführt werden sollte. Dies betraf auch die Westsektoren der Stadt und galt ebenso für die S-Bahn. Schon bald nach dem Ende der Demontage von Strecken und nach der Reparatur von Kriegsschäden wurde der Berliner S-Bahn-Betrieb deshalb von politischen Auseinandersetzungen beeinträchtigt. Dazu zählten der Streik vom Mai 1949 und die Unruhen vom Juni 1953. Gleichwohl war die Verwaltung der S-Bahn in der Reichsbahndirektion Berlin bemüht, den elektrischen Betrieb weiter auszubauen: Nach Strausberg und Düppel (1948), nach Königs Wusterhausen, Teltow, Staaken, Falkensee sowie zwischen Jungfernheide und Spandau (1951), auch zwischen Schönhauser Allee und Pankow (1952) sowie zwischen Strausberg und Strausberg Nord (1956). In der Kartendarstellung, die zum Vergleich mit Seite 37 reizt, sind viele Fernbahnhöfe in West-Berlin nicht mehr sichtbar. Eine Sektorengrenze zwischen Ost und West ist eingetragen, aber nicht erklärt. Der Außenring, dessen Bedeutung nach dem Mauerbau im August 1961 sehr anstieg, wird noch als eine dampfbetriebene S-Bahn-Strecke dargestellt. Die Fotografien zeigen die Berliner S-Bahn am Gesundbrunnen, etwa 1955, sowie auf der Straße »Unter den Linden« einen zum 10. Geburtstag der DDR neu entwickelten Zug, also 1959.

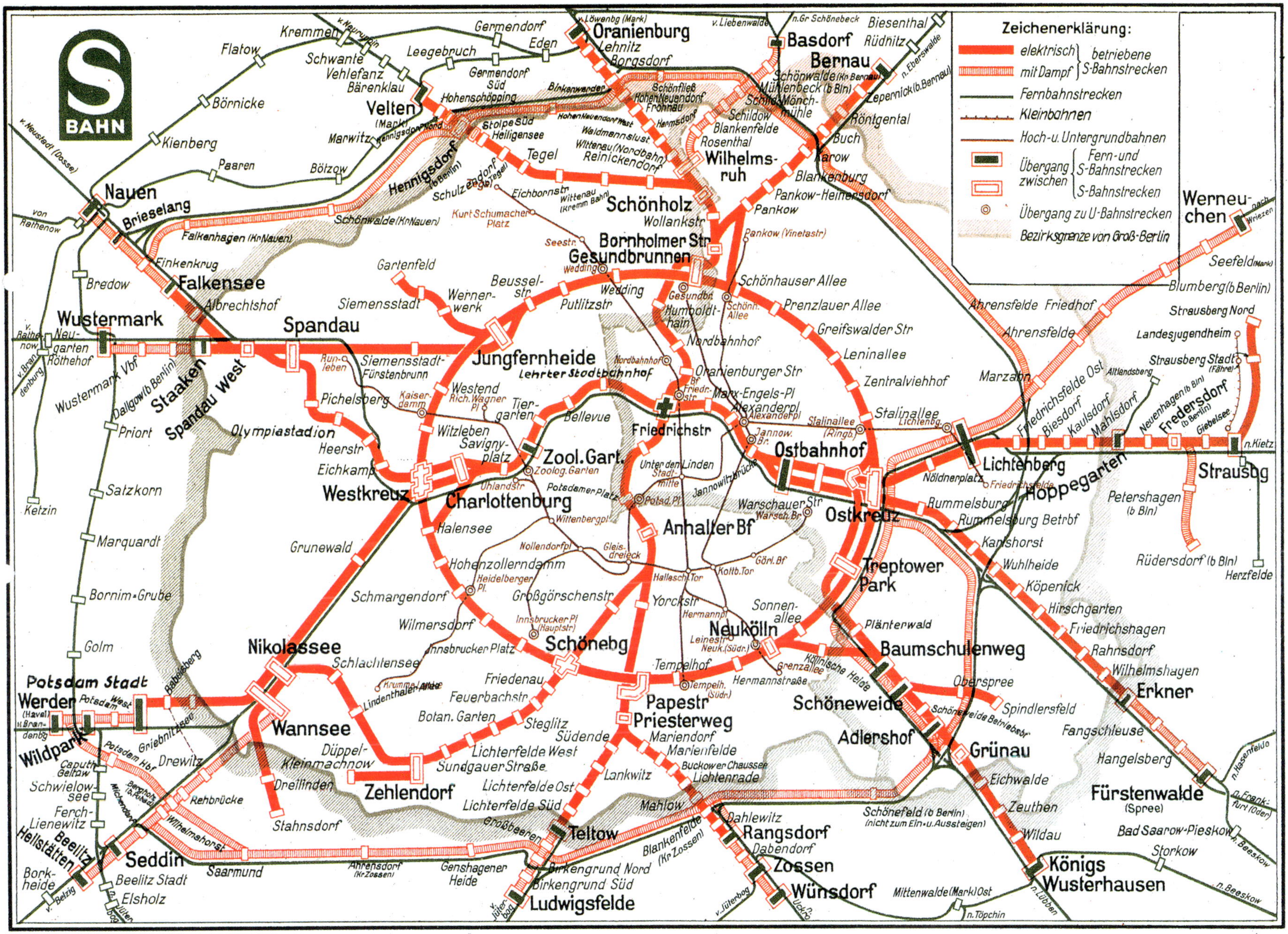

Rbd Berlin Bln 09933 — MdJ der DDR Nr A481

Plz 48/14

Netze der BVG in Ost und West, 1960

Die Auseinanderentwicklung des Berliner Verkehrswesens war bereits vor dem Bau der Mauer weit fortgeschritten. Dennoch sind in den Plänen Linien aus zwei Hälften sichtbar, zwischen denen ein kurzer Fußweg lag. Im Westen saß die eine Direktion der Berliner Verkehrs-Betriebe (BVG) im Hochhaus an der Potsdamer Straße 188 und gab ihr Fahrplanheft heraus, das selbst vor dem später so umstrittenen Wort »Westberlin« nicht zurückschreckte. Die beiden Kartenteile, gültig ab Oktober 1959, lassen die Folgen des Beschlusses von 1953 gut erkennen, bis 1967 alle Straßenbahnen in den Westsektoren durch Autobusse zu ersetzen. Die Fotografie zeigt die Linie 78 an der Schloßstraße in Steglitz, Ecke Bundesallee, um 1960. Im Osten der Stadt saß die andere Direktion im Hochhaus an der Liebknechtstraße 48 und vertrieb ein eigenes Fahrplanheft, dem die farbige Beilage »Liniennetz der BVG im demokratischen Berlin außer U-Bahn« entnommen ist: Die Karte zeigt zwar eine Grenze, benennt sie aber nicht. Buslinien in das Umland trugen weiterhin auch Kennbuchstaben. Grün dargestellt sind die Routen der Oberleitungsomnibusse O 30 (Ostring), O 37 (Lichtenberg), O 40 (Ostbahnhof – Robert-Koch-Platz) und O 41 (Bürknersfelde – Dimitroffstraße). Ein eigentümlicher elektrischer Sattelschlepper-Omnibus mit Doppeldeck-Anhänger auf der Linie 40 am Ostbahnhof, dem früheren Schlesischen Bahnhof und nachmaligen Hauptbahnhof, ist in der nächsten Fotografie gezeigt, 1957.

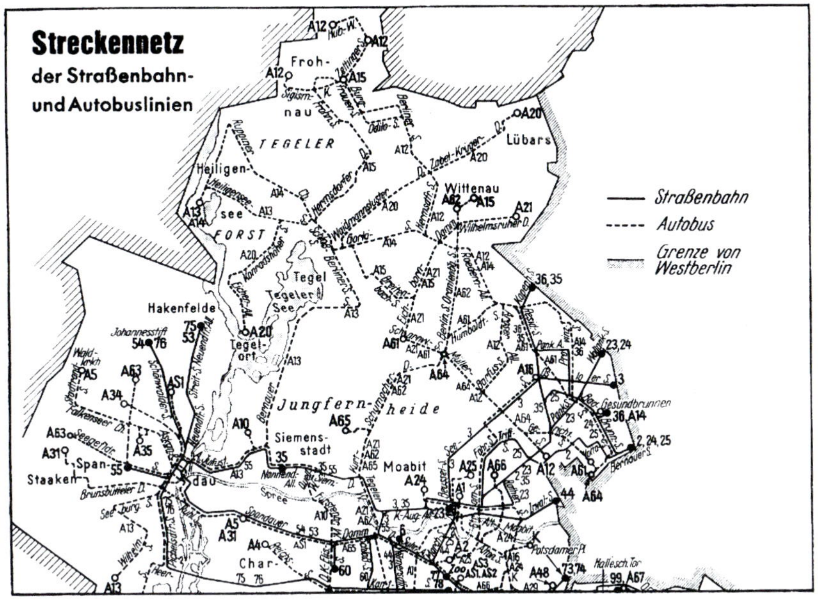
Streckennetz
der Straßenbahn- und Autobuslinien
Straßenbahn
Autobus
Grenze von Westberlin

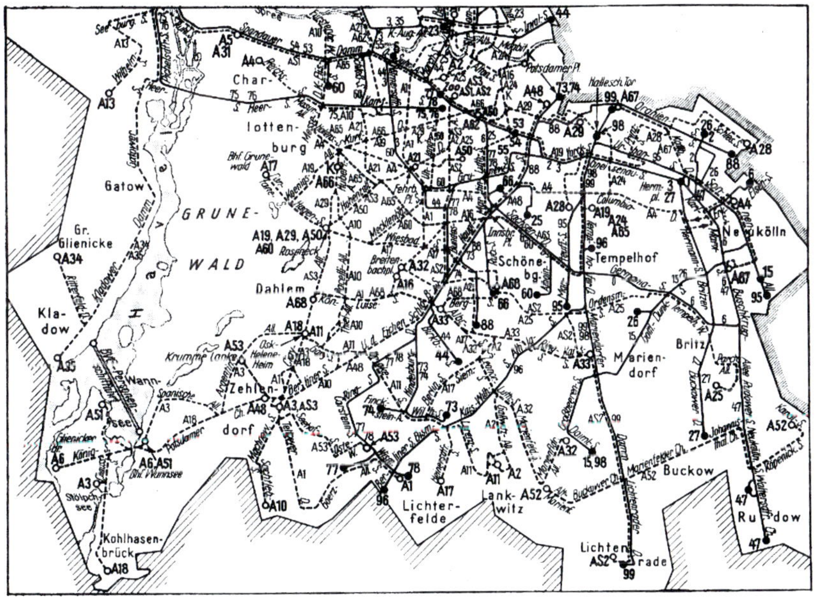

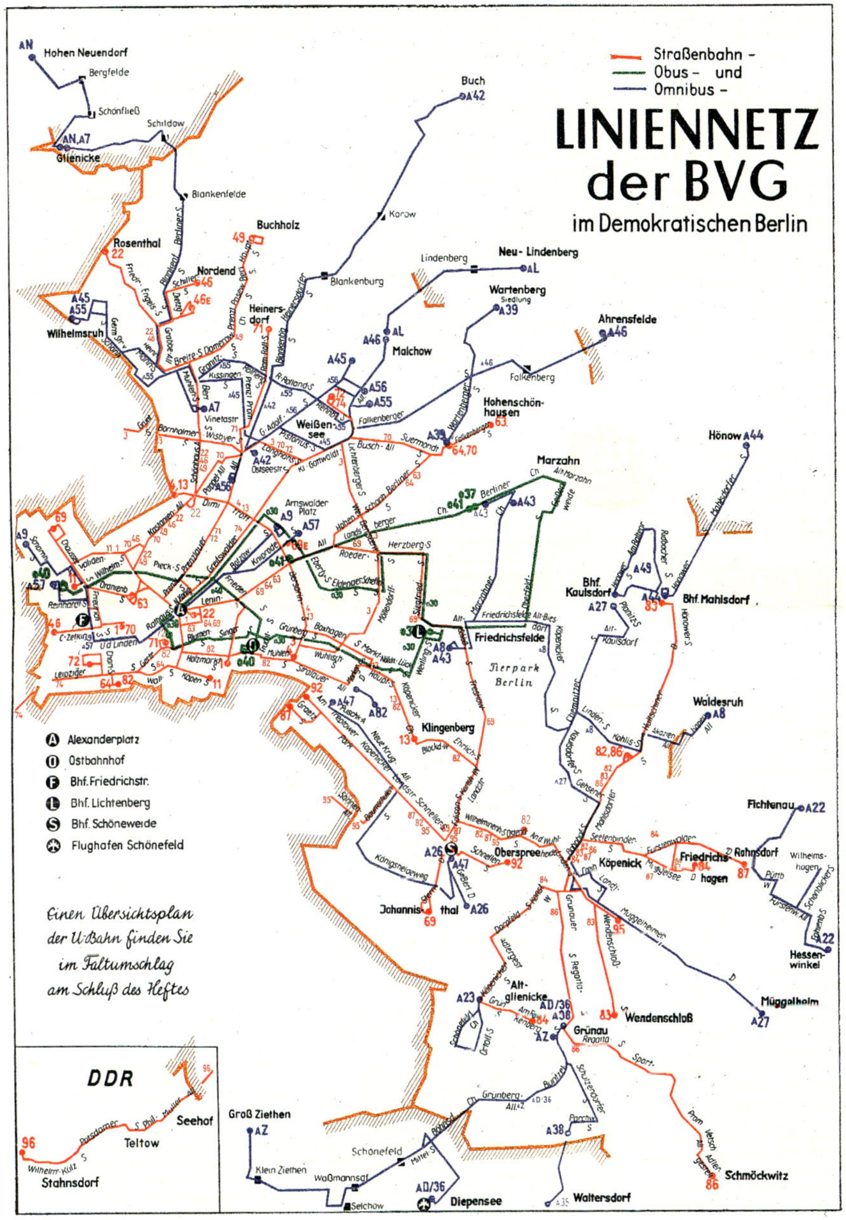
LINIENNETZ der BVG
im Demokratischen Berlin
Straßenbahn -
Obus - und
Omnibus -
Alexanderplatz
Ostbahnhof
Bhf. Friedrichstr.
Bhf. Lichtenberg
Bhf. Schöneweide
Flughafen Schönefeld
Einen Übersichtsplan der U-Bahn finden Sie im Faltumschlag am Schluß des Heftes
DDR

Liniennetz der Berliner U-Bahn (West), 1957

In der Zeit des Kalten Krieges fuhren in Berlin die S-Bahnen und die U-Bahnen noch über die Sektorengrenzen zwischen Ost und West. Man mußte den Ausweis nicht immer vorzeigen, konnte auch schmuggeln oder flüchten, befürchtete aber bei jeder Fahrt eine »Kontrolle«. An diese Zeit sollen die beiden folgenden U-Bahn-Pläne im Vergleich erinnern. Jede Seite beobachtete die Arbeit der anderen mit Argwohn. Ein Symbol dafür ist wohl, daß die westliche BVG-Verwaltung bei Nordbahnhof, Walter-Ulbricht-Stadion, Thälmannplatz, Dimitroffstraße, Luxemburgplatz, Marchlewskistraße und Stalinallee weiterhin die alten Namen in ihren Karten hinzusetzte. Das wird deutlich, wenn man den Plan vom Juli 1957 vergleichend mit der folgenden Abbildung betrachtet. Aber nicht nur die Strecken sind dabei wichtig, auch die Linien von A bis E lassen sich darin gut verfolgen. Die nächste große Baumaßnahme der U-Bahn im Westen, nämlich die Strecke G (heute Linie 9) vom Leopoldplatz zur Spichernstraße über Zoologischer Garten und Kurfürstendamm, wurde zwei Wochen nach dem Mauerbau demonstrativ am 28. August 1961 in Betrieb genommen; das war zwei Wochen früher als zunächst geplant, wie sich aus dem abgebildeten Gedenkblatt ergibt. Die Verlängerungen von Grenzallee nach Britz (1963) und von Tempelhof nach Mariendorf (1966) waren 1961 bereits im Bau. In dieser Zeit gab es nicht wenige Politiker und Planer in West-Berlin, die mit neuen U-Bahn-Strecken der als »Ulbricht-Eisenbahn« verhaßten S-Bahn das Wasser abgraben wollten.

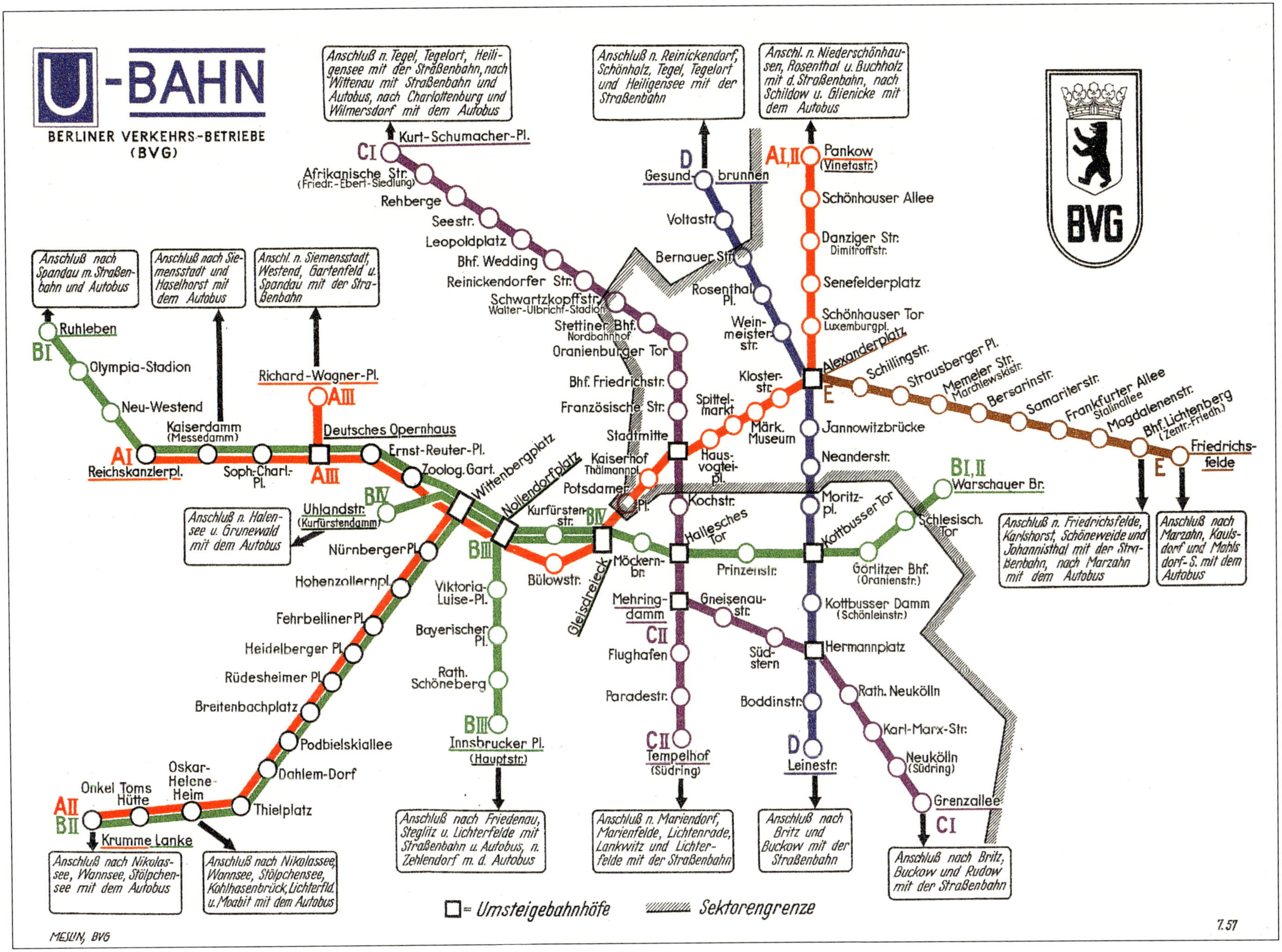
U-BAHN
BERLINER VERKEHRS-BETRIEBE (BVG)
BVG
Anschluß n. Tegel, Tegelort, Heiligensee mit der Straßenbahn, nach Wittenau mit Straßenbahn und Autobus, nach Charlottenburg und Wilmersdorf mit dem Autobus
Anschluß n. Reinickendorf, Schönholz, Tegel, Tegelort und Heiligensee mit der Straßenbahn
Anschl. n. Niederschönhausen, Rosenthal u. Buchholz mit d. Straßenbahn, nach Schildow u. Glienicke mit dem Autobus
Anschluß nach Spandau m. Straßenbahn und Autobus
Anschluß nach Siemensstadt und Haselhorst mit dem Autobus
Anschl. n. Siemensstadt, Westend, Gartenfeld u. Spandau mit der Straßenbahn
CI
Kurt-Schumacher-Pl.
Afrikanische Str. (Friedr.-Ebert-Siedlung)
Rehberge
Seestr.
Leopoldplatz
Bhf. Wedding
Reinickendorfer Str.
Schwartzkopffstr. Walter-Ulbricht-Stadion
Stettiner Bhf. Nordbahnhof
Oranienburger Tor
Bhf. Friedrichstr.
Französische Str.
Stadtmitte
Kaiserhof Thälmannpl.
Potsdamer Pl.
Kochstr.
Hallesches Tor
Mehring-damm
CII
Flughafen
Paradestr.
CII
Tempelhof (Südring)
D
Gesund-brunnen
Voltastr.
Bernauer Str.
Rosenthal. Pl.
Wein-meister-str.
Kloster-str.
Spittel-markt
Märk. Museum
Haus-vogtei-pl.
AI,II
Pankow (Vinetastr.)
Schönhauser Allee
Danziger Str. Dimitroffstr.
Senefelderplatz
Schönhauser Tor Luxemburgpl.
Alexanderplatz
E
Schillingstr.
Strausberger Pl.
Memeler Str. Marchlewskistr.
Bersarinstr.
Samariterstr.
Frankfurter Allee Stalinallee
Magdalenenstr.
Bhf. Lichtenberg (Zentr.-Friedh.)
Friedrichs-felde
E
Jannowitzbrücke
Neanderstr.
Moritz-pl.
Kottbusser Tor
Kottbusser Damm (Schönleinstr.)
Hermannplatz
Boddinstr.
D
Leinestr.
Rath. Neukölln
Karl-Marx-Str.
Neukölln (Südring)
Grenzallee
CI
Gneisenau-str.
Süd-stern
BI,II
Warschauer Br.
Schlesisch. Tor
Görlitzer Bhf. (Oranienstr.)
Prinzenstr.
Möckern-br.
Gleisdreieck
Bülowstr.
BIV
Kurfürsten-str.
Nollendorfplatz
Wittenbergplatz
Zoolog. Gart.
Ernst-Reuter-Pl.
Deutsches Opernhaus
AIII
Richard-Wagner-Pl.
AIII
Soph.-Charl.-Pl.
Kaiserdamm (Messedamm)
AI
Reichskanzlerpl.
Neu-Westend
Olympia-Stadion
BI
Ruhleben
BIV
Uhlandstr. (Kurfürstendamm)
Anschluß n. Halensee u. Grunewald mit dem Autobus
Nürnberger Pl.
Hohenzollernpl.
Fehrbelliner Pl.
Heidelberger Pl.
Rüdesheimer Pl.
Breitenbachplatz
Podbielskiallee
Dahlem-Dorf
Thielplatz
Oskar-Helene-Heim
Onkel Toms Hütte
AII
BII
Krumme Lanke
BIII
Viktoria-Luise-Pl.
Bayerischer Pl.
Rath. Schöneberg
BIII
Innsbrucker Pl. (Hauptstr.)
Anschluß nach Nikolassee, Wannsee, Stölpchensee mit dem Autobus
Anschluß nach Nikolassee, Wannsee, Stölpchensee, Kohlhasenbrück, Lichterfld. u. Moabit mit dem Autobus
Anschluß nach Friedenau, Steglitz u. Lichterfelde mit Straßenbahn u. Autobus, n. Zehlendorf m. d. Autobus
Anschluß n. Mariendorf, Marienfelde, Lichtenrade, Lankwitz und Lichterfelde mit der Straßenbahn
Anschluß nach Britz und Buckow mit der Straßenbahn
Anschluß nach Britz, Buckow und Rudow mit der Straßenbahn
Anschluß n. Friedrichsfelde, Karlshorst, Schöneweide und Johannisthal mit der Straßenbahn, nach Marzahn mit dem Autobus
Anschluß nach Marzahn, Kaulsdorf und Mahlsdorf-S. mit dem Autobus
= Umsteigebahnhöfe
Sektorengrenze
MESLIN, BVG
7.57

Liniennetz der Berliner U-Bahn (Ost), 1960

Trotz der Bildung von zwei großstädtischen Verkehrsverwaltungen in den beiden Teilen Berlins nach 1949 war das Netz der Hoch- und Untergrundbahnen bis zum Bau der Berliner Mauer fast ungeschmälert in Betrieb. Da der Fahrpreis am Bahnhofseingang kassiert wurde, stellte sich die Frage des Schaffnerwechsels nicht wie bei der Berliner Straßenbahn. Die komplizierte technische und bauliche Ausrüstung dieses Verkehrsmittels sprach bis 1961 gegen eine Unterbrechung an den Sektorengrenzen. So kam es, daß sich selbst in dem wiedergegebenen Plan der östlichen BVG-Verwaltung vom Februar 1960 getreulich die Streckenverlängerung von Seestraße nach Tegel findet, die vom West-Berliner Senat in Etappen bis 1958 gebaut worden war. Kritisch wertete man aber den seit 2. Oktober 1953 geltenden neuen Bahnhofsnamen Ernst-Reuter-Platz (Knie), zumal die dortige Architektur als eine westliche Antwort auf die Stalinallee gedacht war. Die beiden Bilder aus der Zeit um 1960/62 führen zur Hochbahnstrecke mit dem von 1950 bis 1991 so bezeichneten Bahnhof Dimitroffstraße (heute Eberswalder Straße) am Prenzlauer Berg, Kastanien- Ecke Schönhauser Allee, und zum 1962 neu errichteten Bahnhof Schönhauser Allee der Ringbahn, einem kargen Beispiel sparsamer Eisenbahnarchitektur der Zeit. Bald nach dem Fall der Mauer wurde der bescheidene Bau der »Ostmoderne« abgerissen.

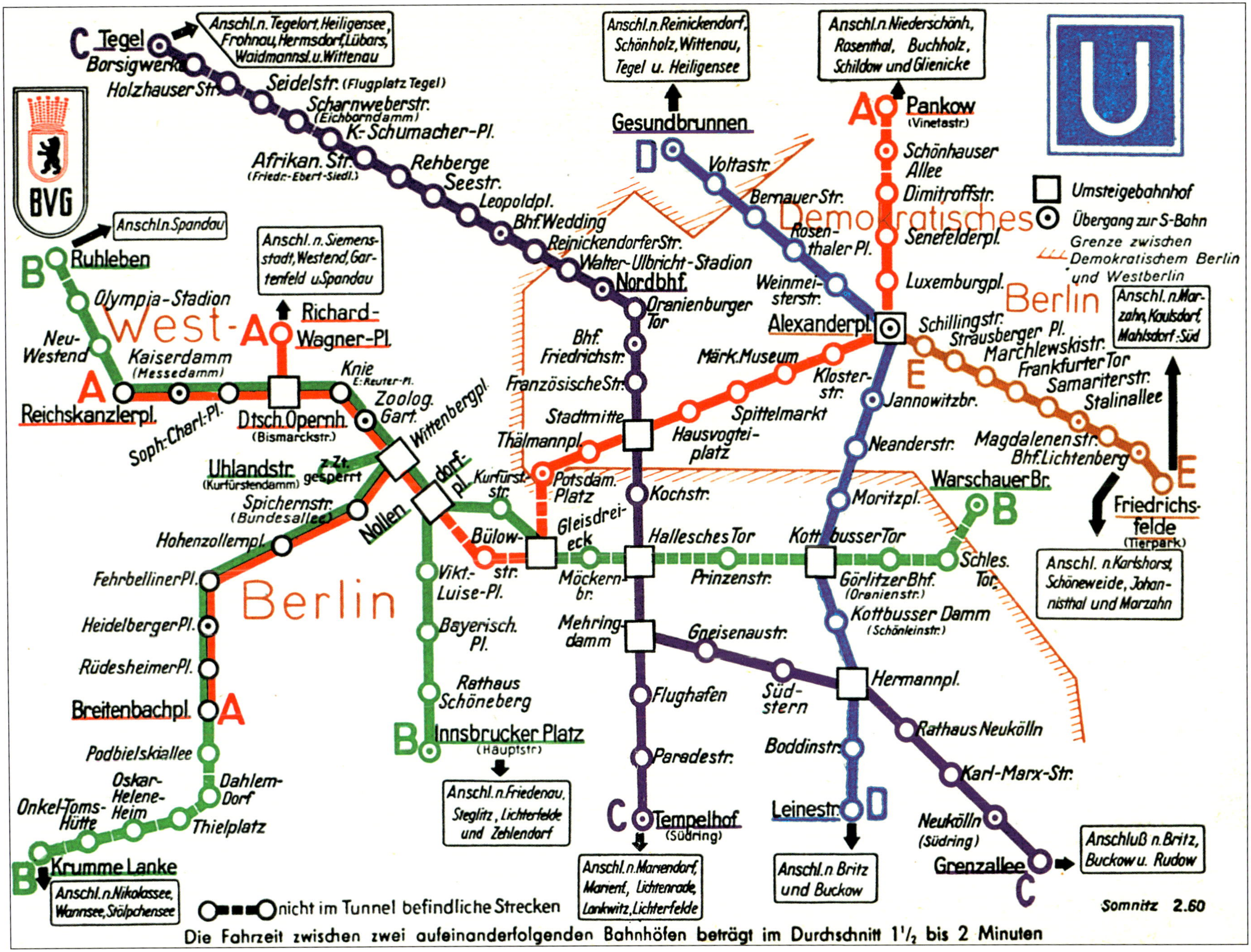

C Tegel
Borsigwerke
Holzhauser Str.
Anschl. n. Tegelort, Heiligensee, Frohnau, Hermsdorf, Lübars, Waidmannsl. u. Wittenau
Seidelstr. (Flugplatz Tegel)
Scharnweberstr. (Eichborndamm)
K.-Schumacher-Pl.
Afrikan. Str. (Friedr.-Ebert-Siedl.)
Rehberge
Seestr.
Leopoldpl.
Bhf. Wedding
Reinickendorfer Str.
Walter-Ulbricht-Stadion
Nordbhf.
Oranienburger Tor
Bhf. Friedrichstr.
Französische Str.
Stadtmitte
Kochstr.
Hallesches Tor
Mehring-damm
Flughafen
Paradestr.
C Tempelhof (Südring)
Anschl. n. Mariendorf, Marienf., Lichtenrade, Lankwitz, Lichterfelde
Anschl. n. Reinickendorf, Schönholz, Wittenau, Tegel u. Heiligensee
Gesundbrunnen
D Voltastr.
Bernauer Str.
Rosen-thaler Pl.
Weinmei-sterstr.
Alexanderpl.
Jannowitzbr.
Neanderstr.
Moritzpl.
Kottbusser Tor
Kottbusser Damm (Schönleinstr.)
Hermannpl.
Boddinstr.
Leinestr. D
Anschl. n Britz und Buckow
Anschl. n. Niederschönh., Rosenthal, Buchholz, Schildow und Glienicke
A Pankow (Vinetastr.)
Schönhauser Allee
Dimitroffstr.
Senefelderpl.
Luxemburgpl.
Demokratisches Berlin
Märk. Museum
Kloster-str.
Spittelmarkt
Hausvogtei-platz
Thälmannpl.
Potsdam. Platz
Schillingstr.
Strausberger Pl.
Marchlewskistr.
Frankfurter Tor
Samariterstr.
Stalinallee
Magdalenenstr.
Bhf. Lichtenberg
E Friedrichsfelde (Tierpark)
Anschl. n. Marzahn, Kaulsdorf, Mahlsdorf-Süd
Anschl. n. Karlshorst, Schöneweide, Johannisthal und Marzahn
Umsteigebahnhof
Übergang zur S-Bahn
Grenze zwischen Demokratischem Berlin und Westberlin
BVG
Anschl. n. Spandau
B Ruhleben
Olympia-Stadion
Neu-Westend
West-Berlin
A Reichskanzlerpl.
Kaiserdamm (Messedamm)
Anschl. n. Siemensstadt, Westend, Gartenfeld u. Spandau
A Richard-Wagner-Pl.
Soph.-Charl.-Pl.
Dtsch. Opernh. (Bismarckstr.)
Knie E. Reuter-Pl.
Zoolog. Gart.
Wittenbergpl.
Uhlandstr. (Kurfürstendamm) z. Zt. gesperrt
Spichernstr. (Bundesallee)
Nollendorf-pl.
Kurfürst-str.
Bülow-str.
Gleisdrei-eck
Möckern-br.
Prinzenstr.
Görlitzer Bhf. (Oranienstr.)
Schles. Tor
Warschauer Br. B
Hohenzollernpl.
Fehrbelliner Pl.
Heidelberger Pl.
Rüdesheimer Pl.
Breitenbachpl. A
Podbielskiallee
Dahlem-Dorf
Oskar-Helene-Heim
Thielplatz
Onkel-Toms-Hütte
B Krumme Lanke
Anschl. n. Nikolassee, Wannsee, Stölpchensee
Vikt.-Luise-Pl.
Bayerisch. Pl.
Rathaus Schöneberg
B Innsbrucker Platz (Hauptstr.)
Anschl. n. Friedenau, Steglitz, Lichterfelde und Zehlendorf
Gneisenaustr.
Süd-stern
Rathaus Neukölln
Karl-Marx-Str.
Neukölln (Südring)
Grenzallee C
Anschluß n. Britz, Buckow u. Rudow
nicht im Tunnel befindliche Strecken
Somnitz 2.60
Die Fahrzeit zwischen zwei aufeinanderfolgenden Bahnhöfen beträgt im Durchschnitt 1½ bis 2 Minuten

Übersichtsplan der Berliner S-Bahn, 1966

Dieser Plan zeigt die Lage im Berliner S-Bahn-Verkehr nach dem Bau der Mauer am 13. August 1961, die hier als Staatsgrenze markiert ist. Damals wurden die Strecken an der West-Berliner Stadtgrenze bei Frohnau, Heiligensee, Staaken, Wannsee, Lichterfelde-Süd und Lichtenrade gekappt. Besondere Umbauten wurden auf der Ringbahn bei Gesundbrunnen und Sonnenallee erforderlich; im Ostteil Berlins wurde die Ringbahn in eine Nord-Süd-Verbindung umgewandelt. Damit entstand auch ein elektrischer Inselbetrieb zwischen Hennigsdorf und Velten, während bei Teltow und Mahlow fortan mit Dampf und Diesel gefahren werden mußte. Besondere Aufmerksamkeit verdient die Nord-Süd-Bahn zwischen Anhalter Bahnhof und Humboldthain, die als Transfer zum Übergang Friedrichstraße fungierte. Ihre übrigen Stationen waren von 1961 bis 1989 zu »Geisterbahnhöfen« verkommen. Eine leicht veränderte Fassung dieses Plans ohne die Worte »Hauptstadt der DDR« kam 1971 nach dem Viermächte-Abkommen über Berlin heraus. Die Fotografien zeigen die damalige Lage an der Grenze: Straßenbahnen der Linie 73 am abgeräumten Potsdamer Platz mit den verbauten Eingängen zur S-Bahn auf beiden Seiten der Sperrmauer (1962) und einen kurzen S-Bahn-Zug am Gitterzaun östlich der Humboldtbrücke zwischen Lehrter Stadtbahnhof und Bahnhof Friedrichstraße (1970), dahinter die Bauten der Charité und ganz schwach der Fernsehturm am Alexanderplatz.

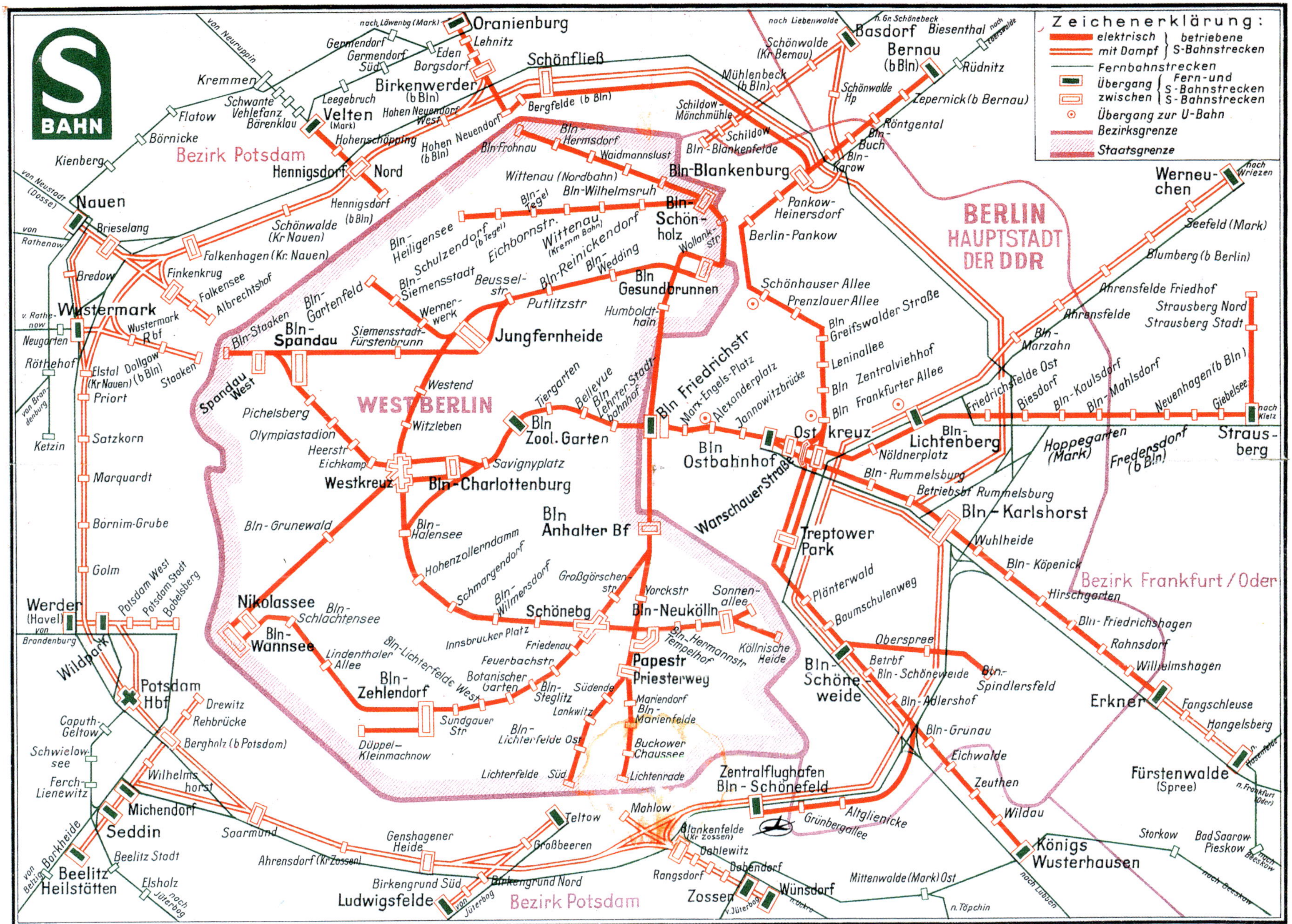

Rbd Berlin Bln 09933 — Übersichtsplan der S-Bahn

(204) Ag 130/770/66B

166/66

Liniennetz der Berliner U-Bahn (West), 1968

Mit dem Bau der Berliner Mauer änderten sich 1961 auch die Verhältnisse auf den Hoch- und Untergundbahnen der Stadt. Die durch Ost-Berlin verlaufenden Linien C (später 6) und D (später 8) wurden dort zu »Transitstrecken« mit Geisterbahnhöfen wie bei der Nord-Süd-S-Bahn, die Station Friedrichstraße wegen des Grenzübergangs ausgenommen. Seit 1. März 1966 galten neue Liniennummern statt der Großbuchstaben. Demonstrativ sind alle geschlossenen Bahnhöfe der U-Bahn zwischen Reinickendorfer Straße und Kochstraße sowie zwischen Voltastraße und Moritzplatz in dem Plan der West-Berliner BVG vom Mai 1968 durchkreuzt. Doppelte Namensangaben an bestimmten Bahnhöfen weisen ebenfalls auf die Härte der politischen Auseinandersetzung hin. Die Linie A von Pankow nach Krumme Lanke wurde 1961 zwischen Thälmannplatz und Gleisdreieck unterbrochen, der Abschnitt vom Schlesischen Tor zur Warschauer Brücke mit der Werkstätte stillgelegt. Somit umfaßte das West-Berliner Netz 78,7 Kilometer Strecke mit 96 Bahnhöfen. Der Einzelfahrschein der U-Bahn kostete 40 Pfennig. Im Bau befanden sich zu dieser Zeit noch 12,5 Kilometer mit 16 Bahnhöfen, Verlängerungen der Linien 7 und 9. Einen weiteren Blick in die Zukunft erlaubt der »200-Kilometer-Plan« der U-Bahn von 1955, rechts in der Fassung vom 1. Juli 1972. Inzwischen sind neue Versionen des Ausbauplans entstanden, doch an den Bau neuer U-Bahn-Strecken denkt heute niemand mehr.

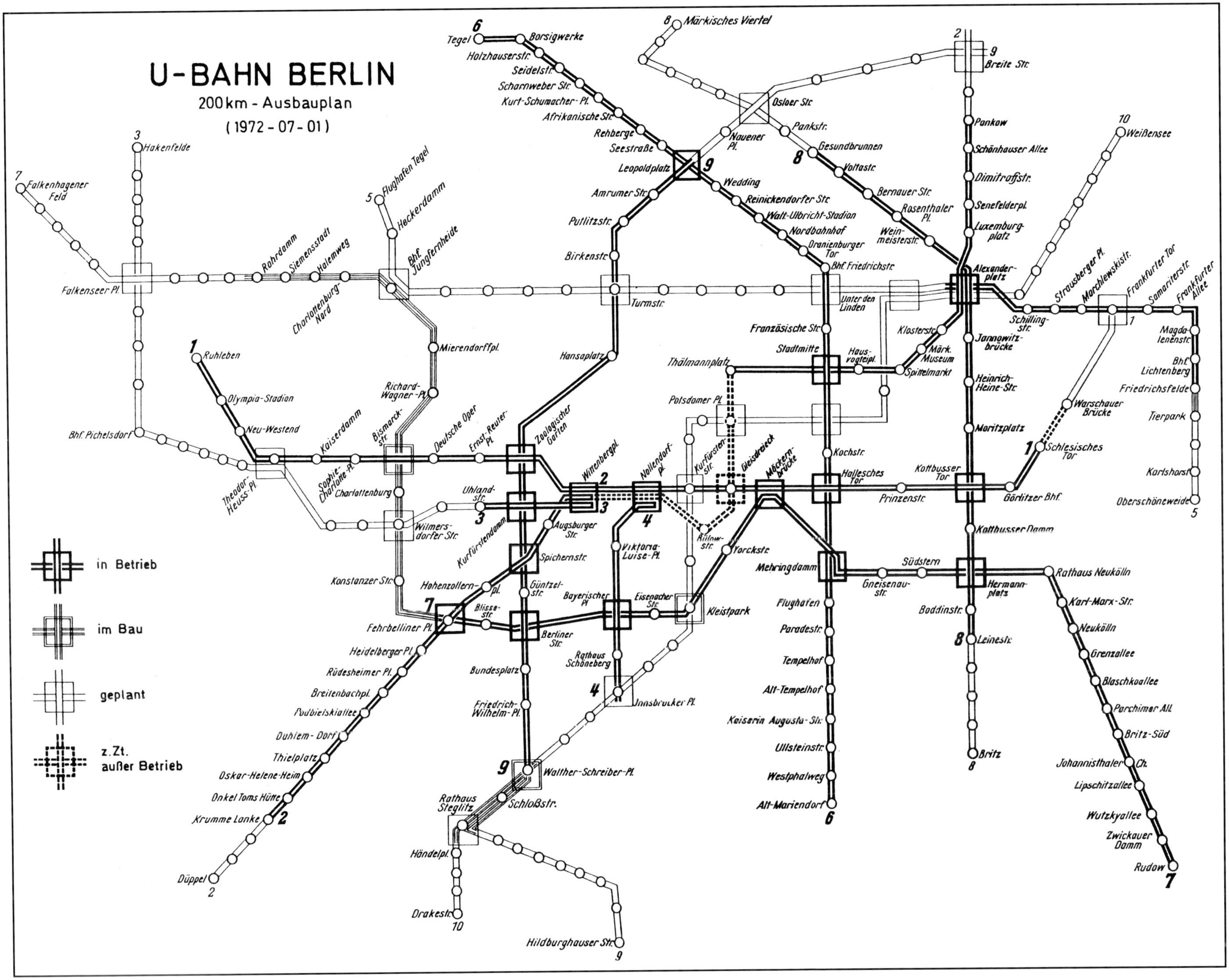
U-BAHN BERLIN
200 km - Ausbauplan
(1972-07-01)
in Betrieb
im Bau
geplant
z.Zt. außer Betrieb
Tegel
Borsigwerke
Holzhauserstr.
Seidelstr.
Scharnweber Str.
Kurt-Schumacher-Pl.
Afrikanische Str.
Rehberge
Seestraße
Leopoldplatz
Wedding
Reinickendorfer Str.
Walt-Ulbricht-Stadion
Nordbahnhof
Oranienburger Tor
Bhf. Friedrichstr.
Unter den Linden
Französische Str.
Stadtmitte
Kochstr.
Hallesches Tor
Mehringdamm
Flughafen
Paradestr.
Tempelhof
Alt-Tempelhof
Kaiserin Augusta-Str.
Ullsteinstr.
Westphalweg
Alt-Mariendorf
Märkisches Viertel
Osloer Str.
Pankstr.
Gesundbrunnen
Voltastr.
Bernauer Str.
Rosenthaler Pl.
Weinmeisterstr.
Alexanderplatz
Jannowitzbrücke
Heinrich-Heine-Str.
Moritzplatz
Kottbusser Tor
Kottbusser Damm
Hermannplatz
Boddinstr.
Leinestr.
Britz
Breite Str.
Pankow
Schönhauser Allee
Dimitroffstr.
Senefelderpl.
Luxemburgplatz
Weißensee
Strausberger Pl.
Marchlewskistr.
Frankfurter Tor
Samariterstr.
Frankfurter Allee
Schillingstr.
Magdalenenstr.
Bhf. Lichtenberg
Friedrichsfelde
Tierpark
Karlshorst
Oberschöneweide
Klosterstr.
Märk. Museum
Spittelmarkt
Hausvogteipl.
Thälmannplatz
Potsdamer Pl.
Warschauer Brücke
Schlesisches Tor
Görlitzer Bhf.
Prinzenstr.
Möckernbrücke
Gleisdreieck
Kurfürstenstr.
Nollendorfpl.
Wittenbergpl.
Zoologischer Garten
Ernst-Reuter-Pl.
Deutsche Oper
Bismarckstr.
Sophie-Charlotte-Pl.
Kaiserdamm
Theodor-Heuss-Pl.
Neu-Westend
Olympia-Stadion
Ruhleben
Südstern
Gneisenaustr.
Rathaus Neukölln
Karl-Marx-Str.
Neukölln
Grenzallee
Blaschkoallee
Parchimer All.
Britz-Süd
Johannisthaler Ch.
Lipschitzallee
Wutzkyallee
Zwickauer Damm
Rudow
Yorckstr.
Kleistpark
Eisenacher Str.
Bayerischer Pl.
Viktoria-Luise-Pl.
Rathaus Schöneberg
Innsbrucker Pl.
Bülowstr.
Uhlandstr.
Kurfürstendamm
Augsburger Str.
Spichernstr.
Güntzelstr.
Berliner Str.
Bundesplatz
Friedrich-Wilhelm-Pl.
Walther-Schreiber-Pl.
Schloßstr.
Rathaus Steglitz
Händelpl.
Drakestr.
Hildburghauser Str.
Hohenzollernpl.
Blissestr.
Fehrbelliner Pl.
Heidelberger Pl.
Rüdesheimer Pl.
Breitenbachpl.
Podbielskiallee
Dahlem-Dorf
Thielplatz
Oskar-Helene-Heim
Onkel Toms Hütte
Krumme Lanke
Düppel
Konstanzer Str.
Wilmersdorfer Str.
Charlottenburg
Richard-Wagner-Pl.
Mierendorffpl.
Charlottenburg-Nord
Bhf. Jungfernheide
Heckerdamm
Flughafen Tegel
Halemweg
Siemensstadt
Rohrdamm
Falkenseer Pl.
Hakenfelde
Falkenhagener Feld
Bhf. Pichelsdorf
Turmstr.
Birkenstr.
Putlitzstr.
Amrumer Str.
Nauener Pl.
Hansaplatz

Übersichtsplan der Berliner S-Bahn, 1983

Eine neue Darstellungsform für ihr S-Bahn-Netz entwickelte die Deutsche Reichsbahn ab 1979 mit Hilfe des staatlichen Unternehmens »Dewag« in Magdeburg. Jetzt standen die Neubauten zwischen Marzahn und Ahrensfelde (1980/82) sowie von Springpfuhl nach Hohenschönhausen (1984) und Wartenberg (1985) auf dem Programm. Eine merkwürdige Besonderheit gilt es zu beachten: Als der rechts wiedergegebene Plan im Jahre 1983 erschien, waren die meisten S-Bahn-Strecken in West-Berlin bereits seit Herbst 1980 nach einem Streik der Beschäftigten außer Betrieb gegangen. 1983 wurden im Westteil tatsächlich nur noch die Stadtbahn mit der Verlängerung bis Wannsee sowie der Nord-Süd-Tunnel mit seinen Zweigen befahren, weil sie an den Grenzübergang Friedrichstraße anschlossen. Offenbar wurde diese merkwürdige und falsche Darstellung von Ringbahn, Wannseebahn und anderen Linien gewählt, um auf die Betriebsrechte der Reichsbahn bei den damals bevorstehenden Verhandlungen über die S-Bahn in West-Berlin hinzuweisen. Seit 1980 wurden von den 78 S-Bahnhöfen im Westen Berlins nur noch 38 Stationen bedient, von 144,8 km Betriebslänge nur noch die Hälfte planmäßig benutzt. Die Fotografien vor den Empfangsgebäuden in Zehlendorf-Süd und Feuerbachstraße aus den Jahren 1974/75 lassen erkennen, wie sich die S-Bahn in den Westsektoren Berlins aufgrund ihrer eigentümlichen politischen Lage zu einem Problemfall entwickelt hatte.

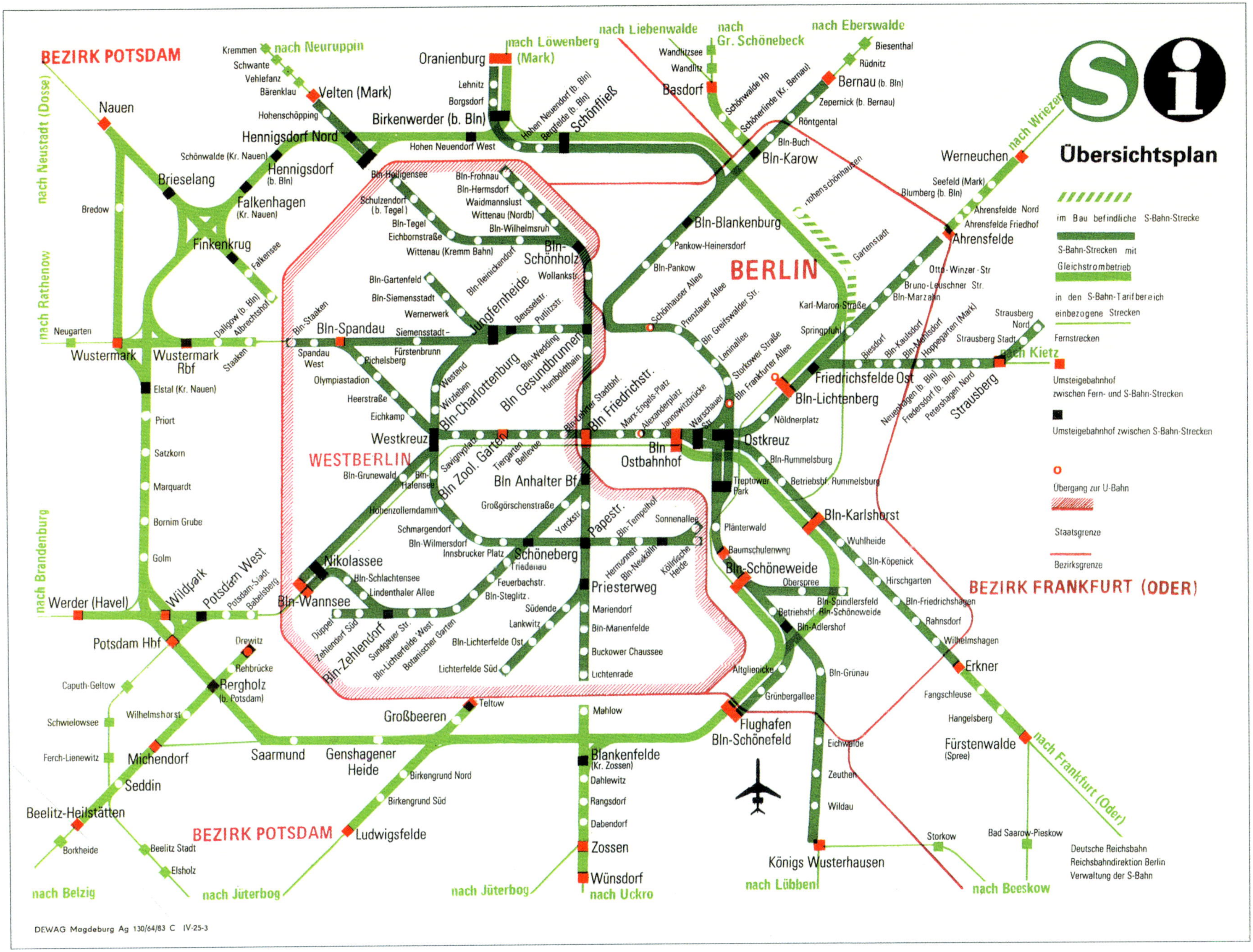
Übersichtsplan
im Bau befindliche S-Bahn-Strecke
S-Bahn-Strecken mit Gleichstrombetrieb
in den S-Bahn-Tarifbereich einbezogene Strecken
Fernstrecken
Umsteigebahnhof zwischen Fern- und S-Bahn-Strecken
Umsteigebahnhof zwischen S-Bahn-Strecken
Übergang zur U-Bahn
Staatsgrenze
Bezirksgrenze
BEZIRK POTSDAM
BEZIRK FRANKFURT (ODER)
BERLIN
WESTBERLIN
nach Neuruppin
nach Löwenberg (Mark)
nach Liebenwalde
nach Gr. Schönebeck
nach Eberswalde
nach Wriezen
nach Kietz
nach Frankfurt (Oder)
nach Beeskow
nach Lübben
nach Uckro
nach Jüterbog
nach Belzig
nach Brandenburg
nach Rathenow
nach Neustadt (Dosse)
Kremmen
Schwante
Vehlefanz
Bärenklau
Velten (Mark)
Hohenschöpping
Oranienburg
Lehnitz
Borgsdorf
Birkenwerder (b. Bln)
Hohen Neuendorf West
Hohen Neuendorf (b. Bln)
Bergfelde (b. Bln)
Schönfließ
Wandlitzsee
Wandlitz
Basdorf
Schönwalde Hp
Schönerlinde (Kr. Bernau)
Biesenthal
Rüdnitz
Bernau (b. Bln)
Zepernick (b. Bernau)
Röntgental
Bln-Buch
Bln-Karow
Hohenschönhausen
Werneuchen
Seefeld (Mark)
Blumberg (b. Bln)
Ahrensfelde Nord
Ahrensfelde Friedhof
Ahrensfelde
Nauen
Bredow
Brieselang
Schönwalde (Kr. Nauen)
Hennigsdorf Nord
Hennigsdorf (b. Bln)
Falkenhagen (Kr. Nauen)
Finkenkrug
Falkensee
Dallgow (b. Bln)
Albrechtshof
Staaken
Neugarten
Wustermark
Wustermark Rbf
Elstal (Kr. Nauen)
Priort
Satzkorn
Marquardt
Bornim Grube
Golm
Werder (Havel)
Wildpark
Potsdam West
Potsdam-Stadt
Babelsberg
Potsdam Hbf
Drewitz
Rehbrücke
Bergholz (b. Potsdam)
Caputh-Geltow
Wilhelmshorst
Schwielowsee
Ferch-Lienewitz
Michendorf
Seddin
Beelitz-Heilstätten
Borkheide
Beelitz Stadt
Elsholz
Saarmund
Genshagener Heide
Großbeeren
Teltow
Birkengrund Nord
Birkengrund Süd
Ludwigsfelde
Mahlow
Blankenfelde (Kr. Zossen)
Dahlewitz
Rangsdorf
Dabendorf
Zossen
Wünsdorf
Bln-Heiligensee
Bln-Frohnau
Bln-Hermsdorf
Waidmannslust
Wittenau (Nordb)
Bln-Wilhelmsruh
Schulzendorf (b. Tegel)
Bln-Tegel
Eichbornstraße
Wittenau (Kremm Bahn)
Bln-Reinickendorf
Bln-Schönholz
Wollankstr.
Bln-Gartenfeld
Bln-Siemensstadt
Wernerwerk
Bln-Staaken
Bln-Spandau
Siemensstadt-Fürstenbrunn
Spandau West
Pichelsberg
Olympiastadion
Heerstraße
Eichkamp
Jungfernheide
Beusselstr.
Putlitzstr.
Bln-Wedding
Bln Gesundbrunnen
Humboldthain
Westend
Witzleben
Bln-Charlottenburg
Westkreuz
Savignyplatz
Bln Zoologischer Garten
Tiergarten
Bellevue
Bln Lehrter Stadtbf.
Bln Friedrichstr.
Marx-Engels-Platz
Alexanderplatz
Jannowitzbrücke
Bln Ostbahnhof
Warschauer Str.
Ostkreuz
Bln-Grunewald
Bln-Halensee
Hohenzollerndamm
Schmargendorf
Bln-Wilmersdorf
Innsbrucker Platz
Bln Anhalter Bf
Großgörschenstraße
Yorckstr.
Papestr.
Bln-Tempelhof
Sonnenallee
Schöneberg
Friedenau
Feuerbachstr.
Bln-Steglitz
Südende
Lankwitz
Bln-Lichterfelde Ost
Lichterfelde Süd
Priesterweg
Mariendorf
Bln-Marienfelde
Buckower Chaussee
Lichtenrade
Hermannstr.
Bln-Neukölln
Köllnische Heide
Nikolassee
Bln-Schlachtensee
Lindenthaler Allee
Bln-Wannsee
Düppel
Zehlendorf Süd
Bln-Zehlendorf
Sundgauer Str.
Bln-Lichterfelde West
Botanischer Garten
Bln-Blankenburg
Pankow-Heinersdorf
Bln-Pankow
Schönhauser Allee
Prenzlauer Allee
Bln Greifswalder Str.
Leninallee
Storkower Straße
Bln Frankfurter Allee
Gartenstadt
Karl-Maron-Straße
Springpfuhl
Otto-Winzer-Str
Bruno-Leuschner Str.
Bln-Marzahn
Biesdorf
Bln-Kaulsdorf
Bln-Mahlsdorf
Hoppegarten (Mark)
Neuenhagen (b. Bln)
Fredersdorf (b. Bln)
Petershagen Nord
Strausberg
Strausberg Stadt
Strausberg Nord
Friedrichsfelde Ost
Bln-Lichtenberg
Nöldnerplatz
Bln-Rummelsburg
Betriebsbf. Rummelsburg
Treptower Park
Plänterwald
Baumschulenweg
Bln-Schöneweide
Oberspree
Bln-Spindlersfeld
Betriebsbf. Bln-Schöneweide
Bln-Adlershof
Altglienicke
Grünbergallee
Flughafen Bln-Schönefeld
Bln-Karlshorst
Wuhlheide
Bln-Köpenick
Hirschgarten
Bln-Friedrichshagen
Rahnsdorf
Wilhelmshagen
Erkner
Fangschleuse
Hangelsberg
Fürstenwalde (Spree)
Bln-Grünau
Eichwalde
Zeuthen
Wildau
Königs Wusterhausen
Storkow
Bad Saarow-Pieskow
Deutsche Reichsbahn
Reichsbahndirektion Berlin
Verwaltung der S-Bahn
DEWAG Magdeburg Ag 130/64/83 C IV-25-3

Schnellbahnnetz von Berlin (West), 1987

Im Jahr des Berliner Stadtjubiläums ist diese Netzdarstellung millionenfach verteilt worden. Sie illustriert eine kurz zuvor notwendig gewordene Umarbeitung des bekannten U-Bahn-Plans, denn die BVG betrieb damals aufgrund eines Abkommens zwischen Senat und DDR von 1983 auch S-Bahnen im Westteil der Stadt: 1984 waren das schrittweise die Linien S 2 von Lichtenrade nach Frohnau und S 3 von Friedrichstraße bis Wannsee, 1985 kam die S 1 von Wannsee über Zehlendorf bis Anhalter Bahnhof hinzu, woraus sich 71,5 Kilometer S-Bahn im Westen ergaben. Als jüngste Ergänzung des dichten U-Bahn-Netzes in diesem Teil der Stadt ist die Verlängerung der Linie U 7 vom Rohrdamm bis Rathaus Spandau am 1. Oktober 1984 zu nennen. Im gleichen Jahr begann der Aufbau einer Magnetbahn-Probestrecke von 1,6 Kilometer Länge zwischen Gleisdreieck und Kemperplatz, die im Netzplan vom April 1987 ebenfalls enthalten ist, aber nur von August 1989 bis Juli 1991 im öffentlichen Fahrgastbetrieb stand. Sie entfiel, weil sie teilweise auf der Trasse der historischen U-Bahn zum Potsdamer Platz lief, die bis zur Wiedereröffnung dieser durchgehenden Linie nach Pankow am 13. November 1993 aufgearbeitet wurde. Ostberliner S-Bahn-Strecken sind in der Karte nur fragmentarisch dargestellt. Die Fotografien zeigen eine Probefahrt der Magnetbahn 1988 sowie einen typischen U-Bahn-Zug der modernen Großprofil-Bauart F 76, Aufnahme von 1978 auf der Linie U 9.

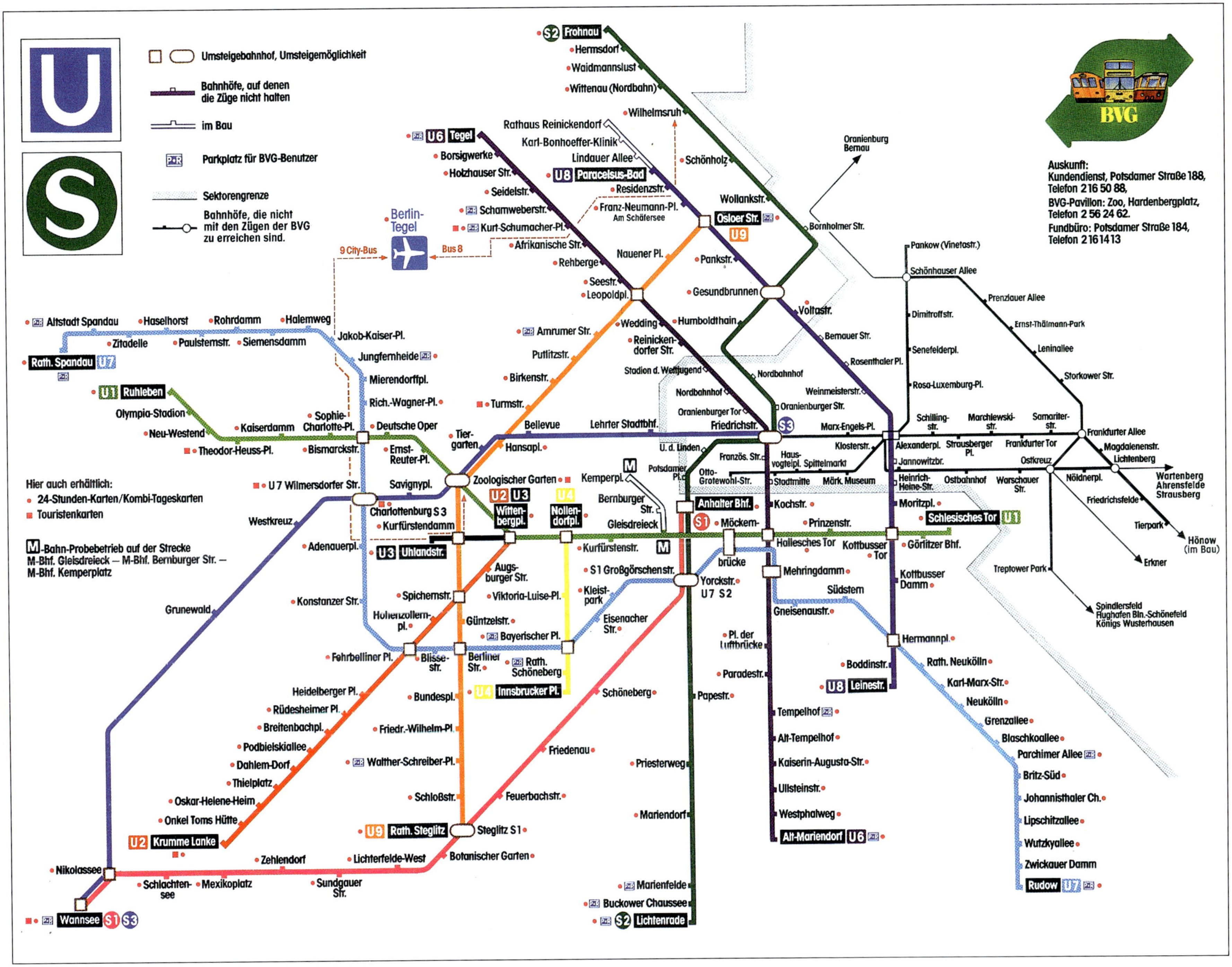
U
S
Umsteigebahnhof, Umsteigemöglichkeit
Bahnhöfe, auf denen die Züge nicht halten
im Bau
Parkplatz für BVG-Benutzer
Sektorengrenze
Bahnhöfe, die nicht mit den Zügen der BVG zu erreichen sind.
Hier auch erhältlich:
24-Stunden-Karten/Kombi-Tageskarten
Touristenkarten
M-Bahn-Probebetrieb auf der Strecke M-Bhf. Gleisdreieck – M-Bhf. Bernburger Str. – M-Bhf. Kemperplatz
BVG
Auskunft:
Kundendienst, Potsdamer Straße 188, Telefon 216 50 88,
BVG-Pavillon: Zoo, Hardenbergplatz, Telefon 2 56 24 62.
Fundbüro: Potsdamer Straße 184, Telefon 216 14 13
S2 Frohnau
Hermsdorf
Waidmannslust
Wittenau (Nordbahn)
Wilhelmsruh
Schönholz
Wollankstr.
Bornholmer Str.
Oranienburg Bernau
Rathaus Reinickendorf
Karl-Bonhoeffer-Klinik
Lindauer Allee
U8 Paracelsus-Bad
Residenzstr.
Franz-Neumann-Pl. Am Schäfersee
Osloer Str.
U9
Pankstr.
Gesundbrunnen
Voltastr.
Bernauer Str.
Rosenthaler Pl.
Weinmeisterstr.
U6 Tegel
Borsigwerke
Holzhauser Str.
Seidelstr.
Scharnweberstr.
Kurt-Schumacher-Pl.
Afrikanische Str.
Rehberge
Seestr.
Leopoldpl.
Nauener Pl.
Wedding
Reinickendorfer Str.
Humboldthain
Stadion d. Weltjugend
Nordbahnhof
Oranienburger Str.
Oranienburger Tor
Friedrichstr.
S3
Berlin-Tegel
9 City-Bus
Bus 8
Altstadt Spandau
Haselhorst
Rohrdamm
Halemweg
Jakob-Kaiser-Pl.
Zitadelle
Paulsternstr.
Siemensdamm
Jungfernheide
Rath. Spandau
U7
Mierendorffpl.
Rich.-Wagner-Pl.
U1 Ruhleben
Olympia-Stadion
Neu-Westend
Kaiserdamm
Sophie-Charlotte-Pl.
Deutsche Oper
Theodor-Heuss-Pl.
Bismarckstr.
Ernst-Reuter-Pl.
Tiergarten
Bellevue
Hansapl.
Lehrter Stadtbhf.
Amrumer Str.
Putlitzstr.
Birkenstr.
Turmstr.
U7 Wilmersdorfer Str.
Savignypl.
Zoologischer Garten
Charlottenburg S 3
Kurfürstendamm
Westkreuz
U2 U3
Wittenbergpl.
U4
Nollendorfpl.
Kemperpl.
M
Potsdamer Pl.
Bernburger Str.
Gleisdreieck
U. d. Linden
Französ. Str.
Otto-Grotewohl-Str.
Hausvogteipl.
Spittelmarkt
Stadtmitte
Märk. Museum
Klosterstr.
Marx-Engels-Pl.
Alexanderpl.
Jannowitzbr.
Heinrich-Heine-Str.
Anhalter Bhf.
S1
Möckernbrücke
Kochstr.
Prinzenstr.
Moritzpl.
Schlesisches Tor
U1
Hallesches Tor
Kottbusser Tor
Görlitzer Bhf.
Kottbusser Damm
Mehringdamm
Südstern
Gneisenaustr.
Hermannpl.
Adenauerpl.
U3 Uhlandstr.
Augsburger Str.
Kurfürstenstr.
S1 Großgörschenstr.
Yorckstr.
U7 S2
Kleistpark
Eisenacher Str.
Spichernstr.
Viktoria-Luise-Pl.
Konstanzer Str.
Hohenzollernpl.
Güntzelstr.
Bayerischer Pl.
Fehrbelliner Pl.
Blissestr.
Berliner Str.
Rath. Schöneberg
Grunewald
Heidelberger Pl.
Rüdesheimer Pl.
Breitenbachpl.
Podbielskiallee
Dahlem-Dorf
Thielplatz
Oskar-Helene-Heim
Onkel Toms Hütte
U2 Krumme Lanke
Bundespl.
Friedr.-Wilhelm-Pl.
Walther-Schreiber-Pl.
Schloßstr.
U9 Rath. Steglitz
Steglitz S1
U4 Innsbrucker Pl.
Schöneberg
Friedenau
Feuerbachstr.
Botanischer Garten
Lichterfelde-West
Sundgauer Str.
Zehlendorf
Mexikoplatz
Schlachtensee
Nikolassee
Wannsee
S1 S3
Pl. der Luftbrücke
Paradestr.
Papestr.
Priesterweg
Mariendorf
Marienfelde
Buckower Chaussee
S2 Lichtenrade
Tempelhof
Alt-Tempelhof
Kaiserin-Augusta-Str.
Ullsteinstr.
Westphalweg
Alt-Mariendorf
U6
Boddinstr.
U8 Leinestr.
Rath. Neukölln
Karl-Marx-Str.
Neukölln
Grenzallee
Blaschkoallee
Parchimer Allee
Britz-Süd
Johannisthaler Ch.
Lipschitzallee
Wutzkyallee
Zwickauer Damm
Rudow
U7
Pankow (Vinetastr.)
Schönhauser Allee
Prenzlauer Allee
Dimitroffstr.
Ernst-Thälmann-Park
Senefelderpl.
Leninallee
Rosa-Luxemburg-Pl.
Storkower Str.
Schillingstr.
Marchlewskistr.
Samariterstr.
Frankfurter Allee
Strausberger Pl.
Frankfurter Tor
Magdalenenstr.
Lichtenberg
Ostkreuz
Ostbahnhof
Warschauer Str.
Nöldnerpl.
Friedrichsfelde
Wartenberg Ahrensfelde Strausberg
Tierpark
Hönow (im Bau)
Erkner
Treptower Park
Spindlersfeld Flughafen Bln.-Schönefeld Königs Wusterhausen

Bahnhofsübersicht U- und S-Bahn (Ost), 1988

Nachdem die Deutsche Reichsbahn 1984 aus den Betriebsrechten an der S-Bahn im Westteil Berlins entlassen war, entschloß man sich – ebenfalls anläßlich des Stadtjubiläums – zum Entwurf eines neuen Netzplanes für den Schienenverkehr im Ostteil der Stadt und seiner Umgebung. Dem Grafiker Bernd Bartolomes gelang es, an die Ringdarstellung der bereits historischen Netzspinne anzuknüpfen, indem er die in den S-Bahn-Tarif einbezogenen Strecken ohne einen echten elektrischen Schnellbahnbetrieb nach Farbe und Gestalt fast ebenso zeichnete wie die eigentliche Berliner S-Bahn. Auf diesem Plan ist der Bezirk Potsdam nah an den Alexanderplatz im Zentrum der Darstellung herangerückt, West-Berlin ist fast unsichtbar geworden und »so weiß und unbebaut wie Nordgrönland«. Wichtigste Verkehrsinformation ist hier die Eröffnung der Hellersdorfer U-Bahn-Strecke, eine Verlängerung der Linie E vom Tierpark bis Hönow zu den neuen Wohngebieten im Nordosten Berlins, am 1. Juli 1989. Ein halbes Jahr später begannen die Diskussionen über zahlreiche »politische« Bahnhofsnamen auf dieser Strecke und anderswo. Neue Fahrzeuge auf Berlins Schienen waren nach 1980 die U-Bahn-Doppeltriebwagen der Bauart G I für die östliche Kleinprofil-Linie von Pankow zum Thälmannplatz. Dieser Bahnhof, bis 1950 »Kaiserhof«, wurde zu DDR-Zeiten 1986 in Otto-Grotewohl-Straße umbenannt, nach der Wende mit Mohrenstraße zum vierten Mal getauft. 1980 erschien auch die Reihe 270 der S-Bahn erstmals auf den Schienen.

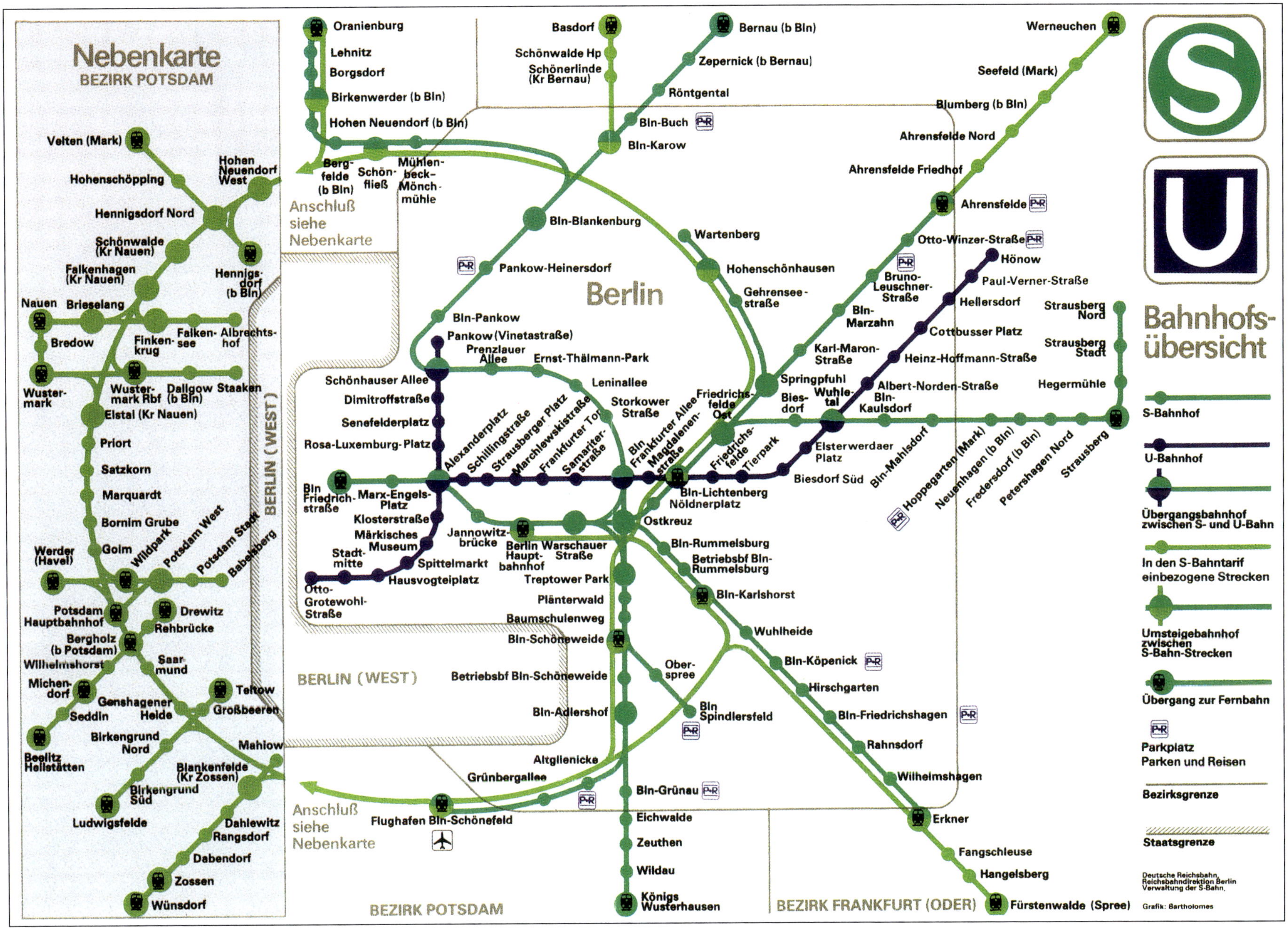
Nebenkarte
BEZIRK POTSDAM
Velten (Mark)
Hohenschöpping
Hohen Neuendorf West
Hennigsdorf Nord
Schönwalde (Kr Nauen)
Hennigsdorf (b Bln)
Falkenhagen (Kr Nauen)
Nauen
Brieselang
Bredow
Finkenkrug
Falkensee
Albrechtshof
Wustermark
Wustermark Rbf
Dallgow (b Bln)
Staaken
Elstal (Kr Nauen)
Priort
Satzkorn
Marquardt
Bornim Grube
Golm
Werder (Havel)
Wildpark
Potsdam West
Potsdam Stadt
Babelsberg
Potsdam Hauptbahnhof
Drewitz
Rehbrücke
Bergholz (b Potsdam)
Wilhelmshorst
Saarmund
Michendorf
Genshagener Heide
Teltow
Großbeeren
Seddin
Birkengrund Nord
Mahlow
Beelitz Heilstätten
Blankenfelde (Kr Zossen)
Birkengrund Süd
Ludwigsfelde
Dahlewitz
Rangsdorf
Dabendorf
Zossen
Wünsdorf
BERLIN (WEST)
Oranienburg
Lehnitz
Borgsdorf
Birkenwerder (b Bln)
Hohen Neuendorf (b Bln)
Bergfelde (b Bln)
Schönfließ
Mühlenbeck-Mönchmühle
Anschluß siehe Nebenkarte
Basdorf
Schönwalde Hp
Schönerlinde (Kr Bernau)
Bernau (b Bln)
Zepernick (b Bernau)
Röntgental
Bln-Buch
Bln-Karow
Bln-Blankenburg
Pankow-Heinersdorf
Berlin
Bln-Pankow
Pankow (Vinetastraße)
Prenzlauer Allee
Ernst-Thälmann-Park
Schönhauser Allee
Dimitroffstraße
Senefelderplatz
Rosa-Luxemburg-Platz
Bln Friedrichstraße
Marx-Engels-Platz
Alexanderplatz
Schillingstraße
Strausberger Platz
Marchlewskistraße
Frankfurter Tor
Samariterstraße
Leninallee
Storkower Straße
Bln Frankfurter Allee
Magdalenenstraße
Friedrichsfelde Ost
Friedrichsfelde
Tierpark
Klosterstraße
Märkisches Museum
Stadtmitte
Spittelmarkt
Hausvogteiplatz
Otto-Grotewohl-Straße
Jannowitzbrücke
Berlin Hauptbahnhof
Warschauer Straße
Treptower Park
Plänterwald
Baumschulenweg
Bln-Schöneweide
Betriebsbf Bln-Schöneweide
Bln-Adlershof
Oberspree
Bln Spindlersfeld
Altglienicke
Grünbergallee
Flughafen Bln-Schönefeld
Bln-Grünau
Eichwalde
Zeuthen
Wildau
Königs Wusterhausen
BEZIRK POTSDAM
BEZIRK FRANKFURT (ODER)
Wartenberg
Hohenschönhausen
Gehrenseestraße
Springpfuhl
Biesdorf
Wuhletal
Bln-Lichtenberg
Nöldnerplatz
Ostkreuz
Bln-Rummelsburg
Betriebsbf Bln-Rummelsburg
Bln-Karlshorst
Wuhlheide
Bln-Köpenick
Hirschgarten
Bln-Friedrichshagen
Rahnsdorf
Wilhelmshagen
Erkner
Fangschleuse
Hangelsberg
Fürstenwalde (Spree)
Werneuchen
Seefeld (Mark)
Blumberg (b Bln)
Ahrensfelde Nord
Ahrensfelde Friedhof
Ahrensfelde
Otto-Winzer-Straße
Bruno-Leuschner-Straße
Bln-Marzahn
Karl-Maron-Straße
Hönow
Paul-Verner-Straße
Hellersdorf
Cottbusser Platz
Heinz-Hoffmann-Straße
Albert-Norden-Straße
Bln-Kaulsdorf
Elsterwerdaer Platz
Biesdorf Süd
Bln-Mahlsdorf
Hoppegarten (Mark)
Neuenhagen (b Bln)
Fredersdorf (b Bln)
Petershagen Nord
Strausberg
Strausberg Nord
Strausberg Stadt
Hegermühle
Bahnhofsübersicht
S-Bahnhof
U-Bahnhof
Übergangsbahnhof zwischen S- und U-Bahn
In den S-Bahntarif einbezogene Strecken
Umsteigebahnhof zwischen S-Bahn-Strecken
Übergang zur Fernbahn
Parkplatz Parken und Reisen
Bezirksgrenze
Staatsgrenze
Deutsche Reichsbahn, Reichsbahndirektion Berlin Verwaltung der S-Bahn.
Grafik: Bartholomes

Berliner Nahverkehrsnetz, 1990

Das erste »Schnellbahnnetz« nach dem Fall der Berliner Mauer kam im April 1990 heraus. Darin wurden endlich wieder die Bahnstrecken in beiden Teilen der Stadt mit fast gleicher Strichstärke dargestellt. Die Vielzahl der S-Bahn-Linien im Ostteil der Stadt fällt auf; Liniennummern waren dort noch nicht eingeführt. Auf der Stadtbahnstrecke mußte im Bahnhof Friedrichstraße bis zum 2. Juli 1990 umgestiegen werden, in Wannsee war ein Pendelzug auf den Ferngleisen nach Potsdam im Einsatz. Noch sind drei »Übergangsstellen« eingetragen, doch die erneute Aufnahme vieler »Geisterbahnhöfe« ohne Halt unter Ost-Berlin in den Plan deutet bereits auf die kommende Zeit hin. Die Tarifgrenze mit dem Titel »Verkehrsbereich BVG« erinnert daran, daß noch zwei verschiedene Währungen und zwei Fahrscheinsorten galten. Die beiden Aufnahmen aus dem Landesarchiv Berlin zeigen die West-Berliner S-Bahn der Baureihe 480, vorgestellt am 22. Oktober 1986 bei der Waggon-Union in Reinickendorf, und die Bauarbeiten am westlichen Ende des Bahnhofs Friedrichstraße zur Wiederaufnahme des durchgehenden S-Bahn-Verkehrs auf der Stadtbahn, am regnerischen 28. Juni 1990 beobachtet.

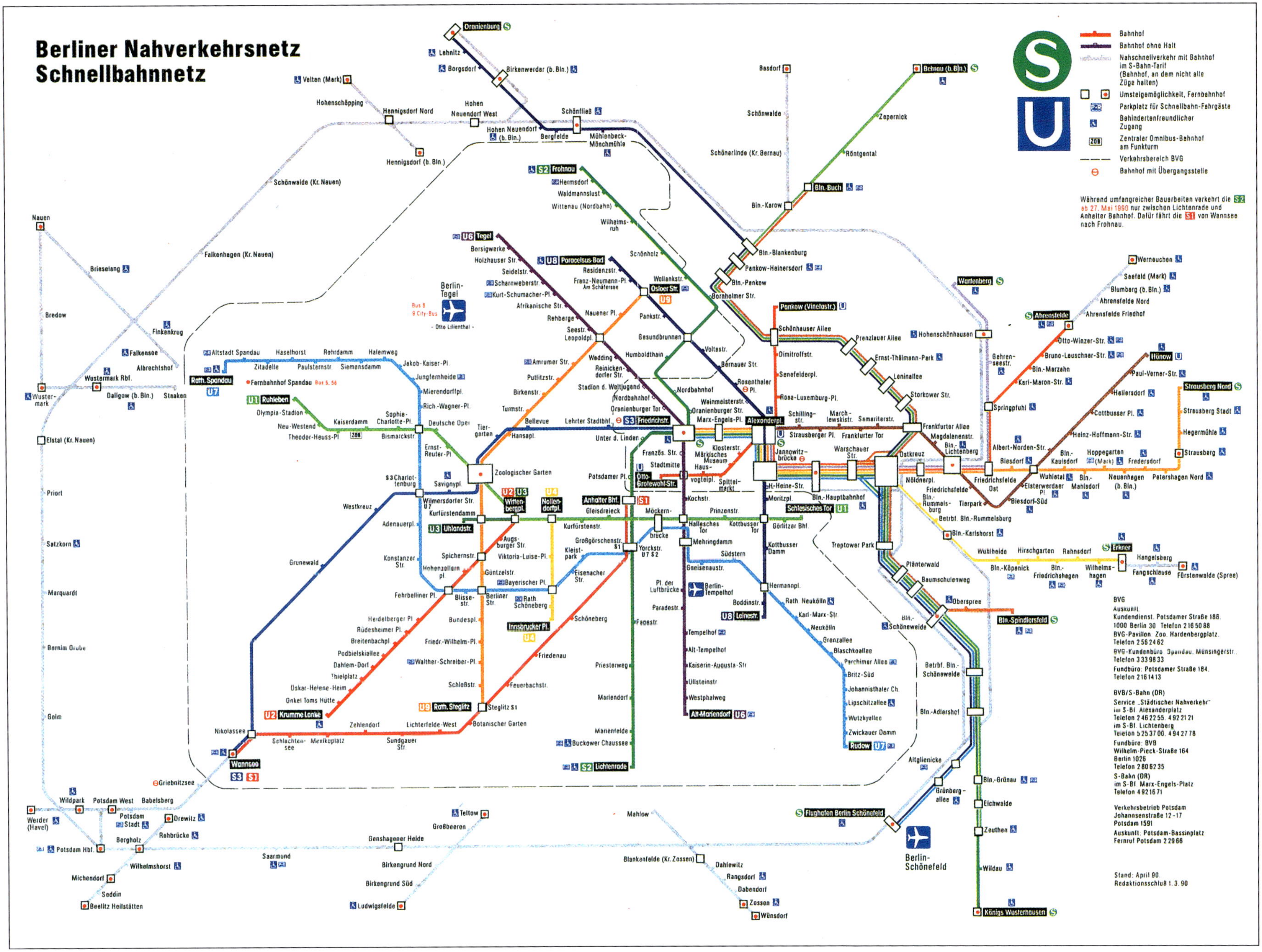
Berliner Nahverkehrsnetz
Schnellbahnnetz
Bahnhof
Bahnhof ohne Halt
Nahschnellverkehr mit Bahnhof im S-Bahn-Tarif (Bahnhof, an dem nicht alle Züge halten)
Umsteigemöglichkeit, Fernbahnhof
Parkplatz für Schnellbahn-Fahrgäste
Behindertenfreundlicher Zugang
Zentraler Omnibus-Bahnhof am Funkturm
Verkehrsbereich BVG
Bahnhof mit Übergangsstelle
Während umfangreicher Bauarbeiten verkehrt die S2 ab 27. Mai 1990 nur zwischen Lichtenrade und Anhalter Bahnhof. Dafür fährt die S1 von Wannsee nach Frohnau.
BVG
Auskunft:
Kundendienst, Potsdamer Straße 188,
1000 Berlin 30 Telefon 2 16 50 88
BVG-Pavillon Zoo, Hardenbergplatz,
Telefon 2 56 24 62
BVG-Kundenbüro Spandau, Münsingerstr.,
Telefon 3 33 98 33
Fundbüro: Potsdamer Straße 184,
Telefon 2 16 14 13
BVB/S-Bahn (DR)
Service „Städtischer Nahverkehr"
im S-Bf. Alexanderplatz
Telefon 2 46 22 55, 4 92 21 21
im S-Bf. Lichtenberg
Telefon 5 25 37 00, 4 94 27 78
Fundbüro: BVB
Wilhelm-Pieck-Straße 164
Berlin 1026
Telefon 2 80 62 35
S-Bahn (DR)
im S-Bf. Marx-Engels-Platz
Telefon 4 92 16 71
Verkehrsbetrieb Potsdam
Johannsenstraße 12-17
Potsdam 1591
Auskunft: Potsdam-Bassinplatz
Fernruf Potsdam 2 29 66
Stand: April 90
Redaktionsschluß 1.3.90

»Geplante Verkehrsanlagen« in Berlin, 1994

Seit dem Ende der deutschen Teilung und nach dem Beschluß, Berlin zur Bundeshauptstadt zu machen, wurden vielfältige Planungen für den Ausbau des Schienenverkehrsnetzes im zentralen Bereich der Stadt aufgestellt. Für den Eisenbahn-Fernverkehr spielt der Nord-Süd-Tunnel unter dem Tiergarten eine besondere Rolle. Am Kreuzungspunkt mit der Stadtbahnstrecke am früheren Lehrter Bahnhof soll ein neuer »Zentralbahnhof Berlin« entstehen, der nicht weit vom Regierungsviertel im Spreebogen entfernt liegt. In die Projektskizze vom April 1994 sind dazu auch Entwürfe für die U-Bahn-Linien U 3 und U 5 eingezeichnet worden, um die Reisenden in der Zukunft von und zu den neuen Berliner Fernbahnhöfen zu bringen. Rechts ist eine Projektskizze der Deutschen Bahn AG vom Juni 2002 zum neuen Empfangsgebäude zu sehen, das seit 1994 auf dem Gelände des ehemaligen Lehrter Bahnhofs von Berlin projektiert wird. Die ursprünglichen Vorschläge des Hamburger Architekten Meinhard von Gerkan, der auch den Flughafen Berlin-Tegel entworfen hat, wurden von der DB AG durch eine Verkürzung der filigranen Hallenkonstruktion und durch einen vorläufigen Verzicht auf die mit Büros geplanten »Bügelbauten« erheblich verändert. Der Name für diese Station wurde von »Berlin Lehrter Bahnhof« im Sommer 2002 auf den sinnigen Begriff »Berlin Hauptbahnhof – Lehrter Bahnhof« gewechselt. Das kleine Bild zeigt den Bauzustand im Oktober 2003. Die Deutsche Bahn hat dieses Bauwerk und den Nordsüdtunnel für die Fernbahnstrecke zur Fußballweltmeisterschaft am 26. Mai 2006 eröffnet.

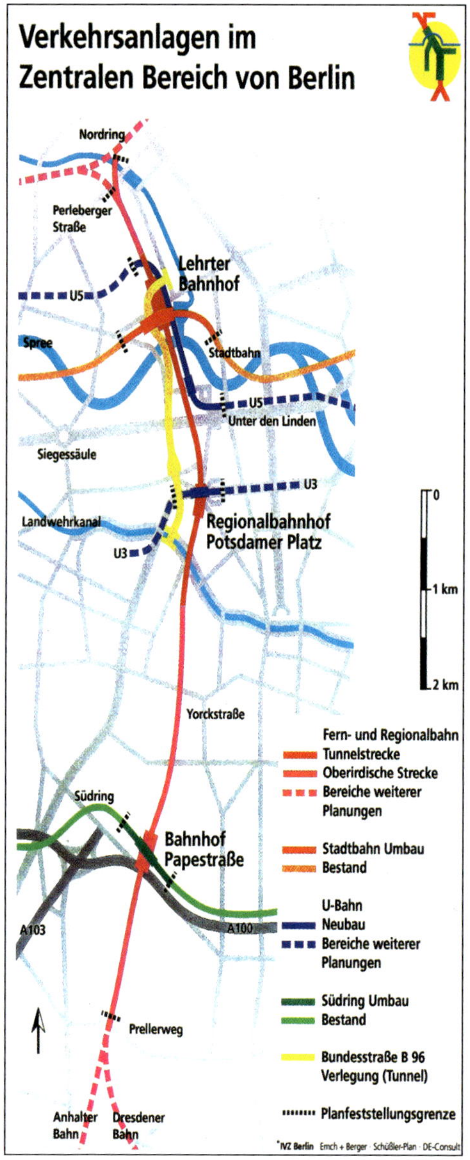

Die Bahn DB
In Berlin entsteht etwas Einzigartiges:
Europas Bahnhof der Zukunft.
Das behindert für kurze Zeit auch
den Verkehr von und nach Berlin.
Im Herzen von Berlin wächst der größte und modernste Bahnknotenpunkt Europas heran. Wenn der neue Lehrter Bahnhof 2006 eröffnet wird, werden ihn jeden Tag mehr als 240.000 Menschen besuchen. Dieses Bahnprojekt sprengt viele Dimensionen – architektonisch, technisch und organisatorisch. Ein wichtiger Meilenstein auf dem Weg zu seiner Fertigstellung steht jetzt mit der Eröffnung der Ost-West-Achse bevor. Dadurch kommt es im Berliner Bahnverkehr zeitweise zu Behinderungen, die sich bei Ankunft und Abfahrt in Berlin auch auf Reisende aus anderen Regionen Deutschlands auswirken. Hier die wichtigsten Informationen.
Bitte bei Bahnreisen von und nach Berlin beachten:
Leider sind vom 16. Juni bis 3. Juli 2002 Behinderungen sowohl im Berliner Bahnnetz als auch bei Anfahrt aus bzw. Abfahrt in andere Regionen Deutschlands unvermeidbar. Wir bitten um Ihr Verständnis:
Vom 16. bis 21. Juni (jeweils 4 Uhr)
Zwischen Berlin Zoo und Berlin Ostbahnhof fahren keine Fernzüge, sondern nur die planmäßigen S-Bahnen.
Fernzüge aus/in Richtung Hannover oder Frankfurt am Main und Kassel fahren deshalb nur ab/bis Berlin Zoo.
Fernzüge aus/in Richtung Leipzig, Halle, Erfurt, Nürnberg, Chemnitz, Dresden, Stralsund, Polen, Hamburg fahren nur bis, ab bzw. über Berlin-Lichtenberg.
RegionalExpress-Züge enden im Westen in Berlin-Spandau, Berlin-Wannsee oder Zoo, im Osten in Ostbahnhof oder Friedrichstraße.
Wegen anderer dringender Bauarbeiten verkehren keine S-Bahnen zwischen Nordbahnhof, Friedrichstraße und Potsdamer Platz.
Vom 21. Juni bis 4. Juli (jeweils 4 Uhr)
Fernverkehr: Alle ICE fahren planmäßig Berlin Zoo und Berlin Ostbahnhof an. IR/IC/EC Hamburg–Berlin–Dresden und Berlin–Polen sowie IR nach/von Stralsund, Halle, Erfurt, Chemnitz halten stattdessen in Berlin-Lichtenberg. Die IR Amsterdam–Hannover–Berlin fahren nur bis Berlin-Charlottenburg.
Regionalverkehr fährt planmäßig, mit Ausnahme des RE 2, der von Berlin-Spandau bis Rathenow und von Berlin-Lichtenberg bis Cottbus fährt.
Die S-Bahn ist ab 22. Juni zwischen Zoologischem Garten und Friedrichstraße sowie zwischen Nordbahnhof und Yorckstraße unterbrochen. Wir empfehlen, die Stadtbahn mit den Regionalzügen und eingesetzten Extrazügen zu nutzen sowie auf den S-Bahn-Ring auszuweichen.
Die U-Bahnen, Straßenbahnen und Busse fahren während unserer Umbauarbeiten uneingeschränkt.
Detaillierte Informationen:
Servicemitarbeiter in Reisezentren, Bahnhöfen und Zügen
Infotelefon (0 30) 29 71 29 73
Internet: www.bahn.de/bauprojekte
Achten Sie bitte auch auf unsere Sonderpublikationen sowie Durchsagen und Aushänge an Bahnsteigen und in Zügen
Kraftakt: Vom 16. Juni bis 3. Juli 2002 müssen wir die Ost-West-Bahnachse Berlins zeitweise unterbrechen.
In Rekordzeit von vier Monaten und mit immensem technischem Aufwand entsteht zurzeit das neue Dach des Lehrter Bahnhofs. 8.540 Glasscheiben, davon 780 mit Solarfunktion – jede ein Unikat –, werden in die Trägerkonstruktion aus 1.053 Tonnen Stahl eingepasst. Danach geht es Schlag auf Schlag: Ab 16. Juni werden wir die ersten vier neuen Gleise in der rund 1 Kilometer langen Ost-West-Achse des Bahnhofs mit dem bisherigen Netz verbinden. Schon fünf Tage später, am 21. Juni, werden Fern- und Regionalzüge den neuen Lehrter Bahnhof durchfahren. Ab 4. Juli halten die S-Bahnen dort planmäßig auf den beiden neuen S-Bahn-Gleisen.
Durch diese umfangreiche und technisch sehr anspruchsvolle Verschwenkung der Gleisführung müssen wir die Ost-West-Achse im Berliner Bahnverkehr zeitweise unterbrechen. Das wirkt sich sowohl innerhalb Berlins als auch bei Reisenden aus anderen Regionen Deutschlands bei der Ankunft und Abfahrt in Berlin aus. Wir halten diese Abweichungen möglichst gering und werden unsere Fahrgäste vor und während ihrer Reise über Änderungen informieren. Vor Ort stehen Transfer- bzw. Anschlussmöglichkeiten oder auch Ersatzzüge zur Verfügung. Für mögliche Unannehmlichkeiten bitten wir schon jetzt um Verständnis. Berlins Bausenator Peter Strieder: „Berlin freut sich auf diese Behinderungen, weil wir sehen, dass es vorangeht."
Visitenkarte: Der Lehrter Bahnhof ist unsere Vision vom Bahnhof der Zukunft.
Der Bahnhof als urbaner Mittelpunkt, als Anziehungspunkt und Aushängeschild einer Stadt – unser Bahnhofskonzept wird in immer mehr Städten anschaulich. Zurzeit werden 50 Bahnhöfe modernisiert – weitere 60 Vorhaben sind in der Planung. In Berlin wird der Lehrter Bahnhof eine zentrale Rolle spielen. Als Verknüpfungspunkt von Fern-, Nah- und Stadtverkehr wird er den Wünschen nach Mobilität besser denn je gerecht werden. Zur Fußballweltmeisterschaft 2006 werden Reisende von Berlin aus nach ganz Europa starten – und schon in 1 Stunde in Leipzig oder in 90 Minuten in Hannover sein. Und auch in der Stadt wird diese Station nahtlosen Anschluss zu unterschiedlichsten Zielen bieten.
Kraftakt und Meisterleistung: Das neue Tor der Stadt ist bereits heute ein Mekka der Architekten und Ingenieure.
Was heute schon vom künftigen Bahnhof sichtbar ist, lässt den künftigen Anblick bereits erahnen. Die großzügige, filigrane, lichtdurchflutete Konstruktion setzt außergewöhnliche städtebauliche Akzente. Zugleich erfordert die Architektur des neuen Bahnhofs eine Vielzahl ingenieurtechnischer Lösungen, die Maßstäbe setzen, wie zum Beispiel das mit 20.000 Quadratmetern gewaltige und zugleich auch ästhetisch-schwerelos wirkende Glasdach, das den Bahnhof mit Solarenergie versorgt.
www.bahn.de/fakten

3
Ahrensfelde

Berliner Schnellbahnnetz, 1994/95

Der Plan der Verkehrsgemeinschaft Berlin-Brandenburg (VBB) mit den Strecken der U- und S-Bahn und der Regionalbahn nach dem Stand vom 25. September 1994 ist gerade einmal ein Dutzend Jahre alt. Dieser Fassung merkt man den Seitenblick auf die legendären Netzbilder von Harry Beck bei London Transport an. Ganz dünn ist noch eine »Tarifgrenze« rund um das alte West-Berlin eingetragen. Inzwischen sind an ihre Stelle die drei Tarifbereiche A-B-C getreten. In dem Plan von 1994 waren als nächste Baumaßnahmen der Nordring zwischen Westend und Schönhauser Allee sowie die Strecken von Priesterweg nach Lichterfelde Ost und von Schönholz nach Tegel eingetragen, außerdem Ergänzungen des Netzes bei den Bahnhöfen Sonnenallee und Warschauer Straße. Die Mehrzahl dieser Baumaßnahmen betraf die Berliner S-Bahn, auch die geplante Verlängerung der U-Bahn nach Pankow war noch nicht dargestellt. Für die Züge der Berliner S-Bahn hat es immer wieder originelle Farbvorschläge gegeben: Unvergessen sind die ideologisierten Debatten im Osten Berlins über eine »eigene« rotweiße Farbgebung für die S-Bahn oder die ermüdenden Auseinandersetzungen im Westen der Stadt über eine silbergraue S-Bahn nach westdeutschem Vorbild. Die kleinen Bilder zeigen einen Entwurf der Industrie vom Juli 1994 für das »Design-Modell« der neuen Baureihe 481/482 noch in blauweißen Farbtönen und den jüngsten, von Fahrgastbefragungen beeinflußten »alten« Anstrich dieses Modells.

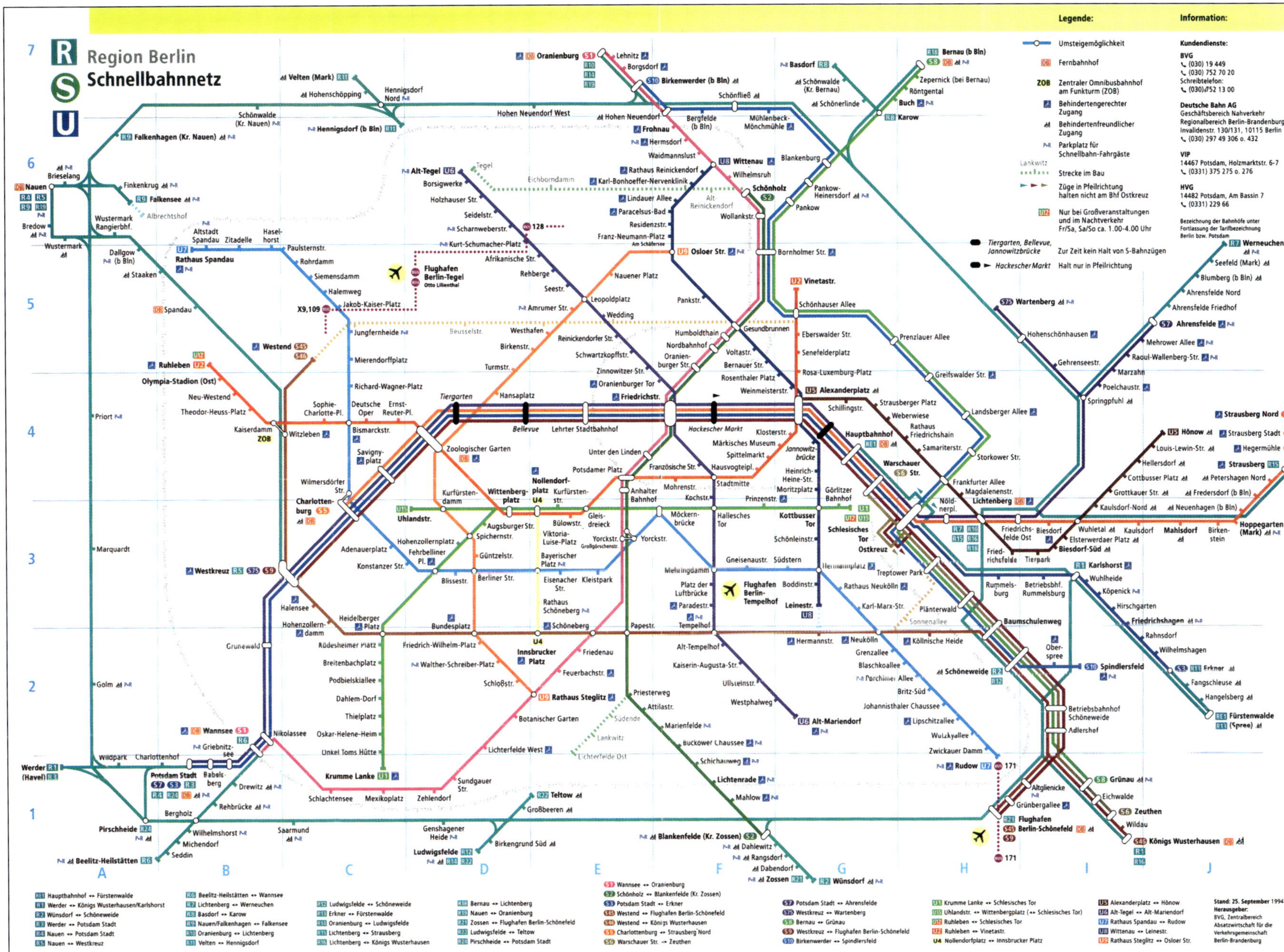

Region Berlin
Schnellbahnnetz
Legende:
Umsteigemöglichkeit
Fernbahnhof
ZOB Zentraler Omnibusbahnhof am Funkturm (ZOB)
Behindertengerechter Zugang
Behindertenfreundlicher Zugang
P+R Parkplatz für Schnellbahn-Fahrgäste
Lankwitz
Strecke im Bau
Züge in Pfeilrichtung halten nicht am Bhf Ostkreuz
Nur bei Großveranstaltungen und im Nachtverkehr Fr/Sa, Sa/So ca. 1.00-4.00 Uhr
Tiergarten, Bellevue, Jannowitzbrücke
Zur Zeit kein Halt von S-Bahnzügen
Hackescher Markt
Halt nur in Pfeilrichtung
Information:
Kundendienste:
BVG
(030) 19 449
(030) 752 70 20
Schreibtelefon:
(030)/752 13 00
Deutsche Bahn AG
Geschäftsbereich Nahverkehr
Regionalbereich Berlin-Brandenburg
Invalidenstr. 130/131, 10115 Berlin
(030) 297 49 306 o. 432
VIP
14467 Potsdam, Holzmarktstr. 6-7
(0331) 375 275 o. 276
HVG
14482 Potsdam, Am Bassin 7
(0331) 229 66
Bezeichnung der Bahnhöfe unter Fortlassung der Tarifbezeichnung Berlin bzw. Potsdam
Oranienburg
Lehnitz
Borgsdorf
Birkenwerder (b Bln)
Bernau (b Bln)
Zepernick (bei Bernau)
Röntgental
Buch
Karow
Basdorf
Schönwalde (Kr. Bernau)
Schönerlinde
Velten (Mark)
Hohenschöpping
Hennigsdorf Nord
Hennigsdorf (b Bln)
Schönwalde (Kr. Nauen)
Hohen Neuendorf West
Hohen Neuendorf
Bergfelde (b Bln)
Schönfließ
Mühlenbeck-Mönchmühle
Frohnau
Hermsdorf
Waidmannslust
Wittenau
Wilhelmsruh
Rathaus Reinickendorf
Karl-Bonhoeffer-Nervenklinik
Lindauer Allee
Alt Reinickendorf
Paracelsus-Bad
Residenzstr.
Franz-Neumann-Platz
Blankenburg
Schönholz
Wollankstr.
Pankow-Heinersdorf
Pankow
Falkenhagen (Kr. Nauen)
Brieselang
Nauen
Finkenkrug
Falkensee
Albrechtshof
Bredow
Wustermark Rangierbhf.
Wustermark
Dallgow (b Bln)
Staaken
Altstadt Spandau
Zitadelle
Haselhorst
Paulsternstr.
Rathaus Spandau
Rohrdamm
Siemensdamm
Halemweg
Jakob-Kaiser-Platz
Spandau
Alt-Tegel
Tegel
Borsigwerke
Holzhauser Str.
Seidelstr.
Scharnweberstr.
Kurt-Schumacher-Platz
Eichborndamm
Afrikanische Str.
Rehberge
Seestr.
Flughafen Berlin-Tegel Otto Lilienthal
X9,109
128
Osloer Str.
Bornholmer Str.
Nauener Platz
Leopoldplatz
Wedding
Amrumer Str.
Pankstr.
Vinetastr.
Schönhauser Allee
Gesundbrunnen
Humboldthain
Nordbahnhof
Voltastr.
Bernauer Str.
Rosenthaler Platz
Weinmeisterstr.
Eberswalder Str.
Senefelderplatz
Rosa-Luxemburg-Platz
Alexanderplatz
Prenzlauer Allee
Greifswalder Str.
Wartenberg
Hohenschönhausen
Gehrenseestr.
Werneuchen
Seefeld (Mark)
Blumberg (b Bln)
Ahrensfelde Nord
Ahrensfelde Friedhof
Ahrensfelde
Mehrower Allee
Raoul-Wallenberg-Str.
Marzahn
Poelchaustr.
Springpfuhl
Jungfernheide
Beusselstr.
Westhafen
Birkenstr.
Reinickendorfer Str.
Schwartzkopffstr.
Zinnowitzer Str.
Oranienburger Tor
Oranienburger Str.
Friedrichstr.
Westend
Mierendorffplatz
Richard-Wagner-Platz
Turmstr.
Ruhleben
Olympia-Stadion (Ost)
Neu-Westend
Theodor-Heuss-Platz
Kaiserdamm
ZOB
Witzleben
Sophie-Charlotte-Pl.
Deutsche Oper
Ernst-Reuter-Pl.
Bismarckstr.
Tiergarten
Hansaplatz
Bellevue
Lehrter Stadtbahnhof
Hackescher Markt
Klosterstr.
Märkisches Museum
Spittelmarkt
Jannowitzbrücke
Hauptbahnhof
Schillingstr.
Strausberger Platz
Weberwiese
Rathaus Friedrichshain
Samariterstr.
Frankfurter Tor
Warschauer Str.
Landsberger Allee
Storkower Str.
Frankfurter Allee
Magdalenenstr.
Lichtenberg
Nöldnerpl.
Friedrichsfelde Ost
Biesdorf
Wuhletal
Kaulsdorf
Mahlsdorf
Birkenstein
Hoppegarten (Mark)
Elsterwerdaer Platz
Biesdorf-Süd
Tierpark
Friedrichsfelde
Hönow
Louis-Lewin-Str.
Hellersdorf
Cottbusser Platz
Kaulsdorf-Nord
Grottkauer Str.
Strausberg Nord
Strausberg Stadt
Hegermühle
Strausberg
Petershagen Nord
Fredersdorf (b Bln)
Neuenhagen (b Bln)
Priort
Zoologischer Garten
Savignyplatz
Unter den Linden
Potsdamer Platz
Französische Str.
Hausvogteiplatz
Stadtmitte
Heinrich-Heine-Str.
Moritzplatz
Görlitzer Bahnhof
Wilmersdorfer Str.
Charlottenburg
Kurfürstendamm
Wittenbergplatz
Nollendorfplatz
Kurfürstenstr.
Anhalter Bahnhof
Mohrenstr.
Kochstr.
Prinzenstr.
Kottbusser Tor
Schlesisches Tor
Uhlandstr.
Augsburger Str.
Spichernstr.
Bülowstr.
Gleisdreieck
Viktoria-Luise-Platz
Yorckstr.
Großgörschenstr.
Möckernbrücke
Hallesches Tor
Schönleinstr.
Hohenzollernplatz
Fehrbelliner Pl.
Güntzelstr.
Bayerischer Platz
Adenauerplatz
Konstanzer Str.
Blissestr.
Berliner Str.
Eisenacher Str.
Kleistpark
Mehringdamm
Gneisenaustr.
Südstern
Hermannplatz
Treptower Park
Platz der Luftbrücke
Paradestr.
Flughafen Berlin-Tempelhof
Boddinstr.
Leinestr.
Rathaus Neukölln
Karl-Marx-Str.
Plänterwald
Sonnenallee
Westkreuz
Halensee
Heidelberger Platz
Hohenzollerndamm
Bundesplatz
Rathaus Schöneberg
Schöneberg
Innsbrucker Platz
U4
Papestr.
Tempelhof
Hermannstr.
Neukölln
Köllnische Heide
Baumschulenweg
Rummelsburg
Betriebsbhf. Rummelsburg
Karlshorst
Wuhlheide
Köpenick
Hirschgarten
Friedrichshagen
Rahnsdorf
Wilhelmshagen
Erkner
Fangschleuse
Hangelsberg
Fürstenwalde (Spree)
Grunewald
Rüdesheimer Platz
Breitenbachplatz
Podbielskiallee
Dahlem-Dorf
Thielplatz
Oskar-Helene-Heim
Onkel Toms Hütte
Krumme Lanke
Friedrich-Wilhelm-Platz
Walther-Schreiber-Platz
Schloßstr.
Friedenau
Feuerbachstr.
Rathaus Steglitz
Botanischer Garten
Lichterfelde West
Sundgauer Str.
Zehlendorf
Mexikoplatz
Schlachtensee
Nikolassee
Wannsee
Griebnitzsee
Wildpark
Charlottenhof
Potsdam Stadt
Babelsberg
Drewitz
Rehbrücke
Bergholz
Werder (Havel)
Golm
Marquardt
Alt-Tempelhof
Kaiserin-Augusta-Str.
Ullsteinstr.
Westphalweg
Alt-Mariendorf
Priesterweg
Attilastr.
Südende
Lankwitz
Lichterfelde Ost
Marienfelde
Buckower Chaussee
Schichauweg
Lichtenrade
Mahlow
Grenzallee
Blaschkoallee
Parchimer Allee
Britz-Süd
Johannisthaler Chaussee
Lipschitzallee
Wutzkyallee
Zwickauer Damm
Rudow
171
Schöneweide
Oberspree
Spindlersfeld
Betriebsbahnhof Schöneweide
Adlershof
Altglienicke
Grünbergallee
Flughafen Berlin-Schönefeld
Grünau
Eichwalde
Zeuthen
Wildau
Königs Wusterhausen
Teltow
Großbeeren
Pirschheide
Wilhelmshorst
Michendorf
Seddin
Beelitz-Heilstätten
Saarmund
Genshagener Heide
Ludwigsfelde
Birkengrund Süd
Blankenfelde (Kr. Zossen)
Dahlewitz
Rangsdorf
Dabendorf
Zossen
Wünsdorf
1 2 3 4 5 6 7
A B C D E F G H I J
RE1 Hauptbahnhof ↔ Fürstenwalde
R1 Werder ↔ Königs Wusterhausen/Karlshorst
R2 Wünsdorf ↔ Schöneweide
R3 Werder ↔ Potsdam Stadt
R4 Nauen ↔ Potsdam Stadt
R5 Nauen ↔ Westkreuz
R6 Beelitz-Heilstätten ↔ Wannsee
R7 Lichtenberg ↔ Werneuchen
R8 Basdorf ↔ Karow
R9 Nauen/Falkenhagen ↔ Falkensee
R10 Oranienburg ↔ Lichtenberg
R11 Velten ↔ Hennigsdorf
R12 Ludwigsfelde ↔ Schöneweide
R13 Erkner ↔ Fürstenwalde
R14 Oranienburg ↔ Ludwigsfelde
R15 Lichtenberg ↔ Strausberg
R16 Lichtenberg ↔ Königs Wusterhausen
R18 Bernau ↔ Lichtenberg
R19 Nauen ↔ Oranienburg
R21 Zossen ↔ Flughafen Berlin-Schönefeld
R22 Ludwigsfelde ↔ Teltow
R24 Pirschheide ↔ Potsdam Stadt
S1 Wannsee ↔ Oranienburg
S2 Schönholz ↔ Blankenfelde (Kr. Zossen)
S3 Potsdam Stadt ↔ Erkner
S45 Westend ↔ Flughafen Berlin-Schönefeld
S46 Westend ↔ Königs Wusterhausen
S5 Charlottenburg ↔ Strausberg Nord
S6 Warschauer Str. ↔ Zeuthen
S7 Potsdam Stadt ↔ Ahrensfelde
S75 Westkreuz ↔ Wartenberg
S8 Bernau ↔ Grünau
S9 Westkreuz ↔ Flughafen Berlin-Schönefeld
S10 Birkenwerder ↔ Spindlersfeld
U1 Krumme Lanke ↔ Schlesisches Tor
U15 Uhlandstr. ↔ Wittenbergplatz (↔ Schlesisches Tor)
U12 Ruhleben ↔ Schlesisches Tor
U2 Ruhleben ↔ Vinetastr.
U4 Nollendorfplatz ↔ Innsbrucker Platz
U5 Alexanderplatz ↔ Hönow
U6 Alt-Tegel ↔ Alt-Mariendorf
U7 Rathaus Spandau ↔ Rudow
U8 Wittenau ↔ Leinestr.
U9 Rathaus Steglitz ↔ Osloer Str.
Stand: 25. September 1994
Herausgeber:
BVG, Zentralbereich Absatzwirtschaft für die Verkehrsgemeinschaft Berlin-Brandenburg

Das »Pilzkonzept« nach Plänen des Jahres 1999

Dem Bau des neuen »Hauptbahnhofs« für Berlin lag eine politische Vision zugrunde: Nachdem Bundeskabinett und Bundestag sich im wiedervereinigten Deutschland dafür entschieden hatten, Berlin zum Regierungssitz zu machen, mußten auch Städtebau und Verkehrsanlagen im »Zentralen Bereich« der Stadt zwischen Moabit, Regierungsviertel und Schöneberg neu geplant werden. Zur Ordnung des Berliner Schienenverkehrsnetzes setzte sich das im Jahre 1992 verabschiedete »Pilzkonzept« durch. Es hat seinen Namen von einem Bild auf der Landkarte, das sich aus den wichtigsten Strecken ergibt: Der »Hut« besteht aus dem erneuerten Nordring mit der Stadtbahnstrecke als »Krempe«, während der »Stiel« von einem – bekanntlich schon seit 1910 vorgeschlagenen – Nordsüdtunnel für die Fernbahn und die Regionalbahn unter der Stadt gebildet wird. Im Rahmen des Konzepts waren drei Fernbahnhöfe zu errichten: Zuerst der riesige Hauptbahnhof, sodann eine Station am Potsdamer Platz sowie ein »Südkreuz« an der Papestraße. Daneben wird der Bahnhof Gesundbrunnen zum »Nordkreuz« umgebaut. Nimmt man noch die mit großem Aufwand erneuerten Stationen Spandau, Zoologischer Garten, Friedrichstraße, Alexanderplatz und Ostbahnhof hinzu, dann läßt sich in Berlin noch immer von einem polyzentrischen System mit acht bis zehn großen Fernbahnhöfen und mit mehr als 160 Haltestellen für die S-Bahn sprechen. Diese Gedanken verkörpern die beiden Planskizzen der »DB-Projekt Knoten Berlin« (links) sowie der Senatsverwaltung für Bauen, Wohnen und Verkehr (rechts) vom Sommer 1999 mit dem grandiosen »Pilzkonzept« für Berlins Eisenbahnen im 21. Jahrhundert.

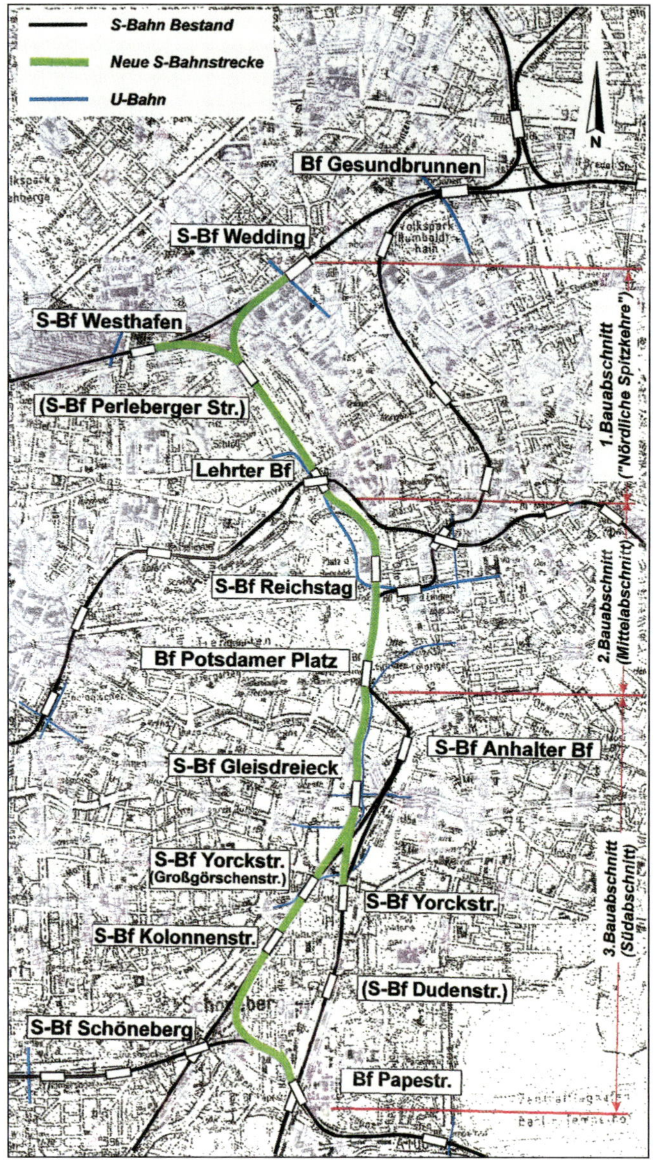

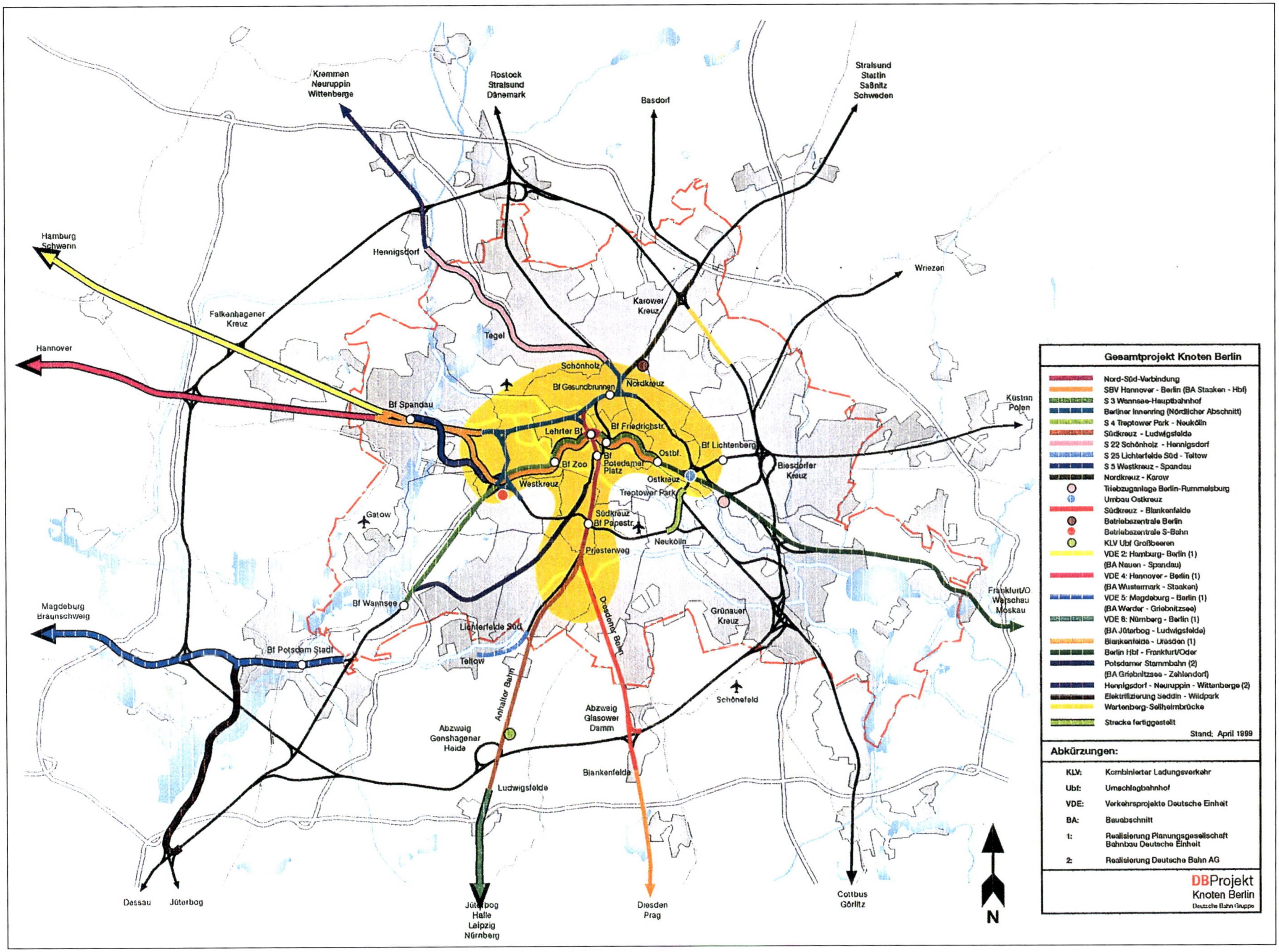
Kremmen
Neuruppin
Wittenberge
Rostock
Stralsund
Dänemark
Basdorf
Stralsund
Stettin
Saßnitz
Schweden
Hamburg
Schwerin
Hennigsdorf
Wriezen
Karower
Kreuz
Falkenhagener
Kreuz
Tegel
Hannover
Schönholz
Bf Gesundbrunnen
Nordkreuz
Küstrin
Polen
Bf Spandau
Bf Friedrichstr.
Lehrter Bf
Bf Lichtenberg
Ostbf.
Bf Zoo
Bf Potsdamer Platz
Biesdorfer
Kreuz
Ostkreuz
Westkreuz
Treptower Park
Gatow
Südkreuz
Bf Papestr.
Neukölln
Priesterweg
Frankfurt/O
Warschau
Moskau
Magdeburg
Braunschweig
Bf Wannsee
Grünauer
Kreuz
Dresdener Bahn
Lichterfelde Süd
Bf Potsdam Stadt
Teltow
Schönefeld
Anhalter Bahn
Abzweig
Glasower
Damm
Abzweig
Genshagener
Heide
Blankenfelde
Ludwigsfelde
Dessau
Jüterbog
Jüterbog
Halle
Leipzig
Nürnberg
Dresden
Prag
Cottbus
Görlitz
N
Gesamtprojekt Knoten Berlin
Nord-Süd-Verbindung
SBV Hannover - Berlin (BA Staaken - Hbf)
S 3 Wannsee-Hauptbahnhof
Berliner Innenring (Nördlicher Abschnitt)
S 4 Treptower Park - Neukölln
Südkreuz - Ludwigsfelde
S 22 Schönholz - Hennigsdorf
S 25 Lichterfelde Süd - Teltow
S 5 Westkreuz - Spandau
Nordkreuz - Karow
Triebzuganlage Berlin-Rummelsburg
Umbau Ostkreuz
Südkreuz - Blankenfelde
Betriebszentrale Berlin
Betriebszentrale S-Bahn
KLV Ubf Großbeeren
VDE 2: Hamburg- Berlin (1)
(BA Nauen - Spandau)
VDE 4: Hannover - Berlin (1)
(BA Wustermark - Staaken)
VDE 5: Magdeburg - Berlin (1)
(BA Werder - Griebnitzsee)
VDE 8: Nürnberg - Berlin (1)
(BA Jüterbog - Ludwigsfelde)
Blankenfelde - Dresden (1)
Berlin Hbf - Frankfurt/Oder
Potsdamer Stammbahn (2)
(BA Griebnitzsee - Zehlendorf)
Hennigsdorf - Neuruppin - Wittenberge (2)
Elektrifizierung Seddin - Wildpark
Wartenberg-Sellheimbrücke
Strecke fertiggestellt
Stand: April 1999
Abkürzungen:
KLV: Kombinierter Ladungsverkehr
Ubf: Umschlagbahnhof
VDE: Verkehrsprojekte Deutsche Einheit
BA: Bauabschnitt
1: Realisierung Planungsgesellschaft Bahnbau Deutsche Einheit
2: Realisierung Deutsche Bahn AG
DBProjekt
Knoten Berlin
Deutsche Bahn Gruppe

Das »Zielnetz« der Berliner S-Bahn von 2001

In den Köpfen der Planer bei der Berliner S-Bahn ist das Linienkonzept für ein »Zielnetz« der Zukunft bereits fertig: Im Juni 2001 wurde mit der Druckschrift »Reisen in der Stadt« ein Plan veröffentlicht, der das Berliner S-Bahn-Netz der Zukunft zeigt. Einschränkend wurde bei der Veröffentlichung allerdings angemerkt: »Dieses Linienkonzept ist ein Vorschlag der S-Bahn Berlin GmbH, der abhängig von den Bestellungen der Länder Berlin und Brandenburg variiert werden kann. Die verwendeten Liniennummern sind Arbeitstitel«. Der erste Blick zeigt deutlich: Nach wie vor steht der Bahnhof Friedrichstraße im Mittelpunkt des Berliner Nahverkehrs. Auf den »Lehrter Bahnhof« als neuem Fernbahnhof sind in diesem Plan – neben der Stadtbahnstrecke – auch mehrere Linien vom Nordring in Form einer Spitzkehre ausgerichtet, wie es schon vor dem Krieg am alten Potsdamer Bahnhof einmal üblich gewesen ist. Eine südliche Verlängerung der Strecken in Form der zeitweilig geplanten Tunnelbahn »S 21 « zum Reichstag und zum Gleisdreieck fehlt in dieser Darstellung bereits. Bei einem näheren Blick auf das Linienkonzept lassen sich geplante Bahnhöfe an der Perleberger Brücke in Moabit und am neuen Terminal des Flughafens Berlin-Schönefeld ausmachen. Auch die Stationen an der Komturstraße in Tempelhof, an der Sellheimbrücke im Norden von Wartenberg und auf der Strecke nach Falkensee sind noch Zukunftsmusik. Tatsache auf Berlins Gleisen ist dagegen seit dem Sommer 1999 der Einsatz einer dreiteiligen »Panorama-S-Bahn« der Baureihe 488, die in der Hauptwerkstatt Schöneweide für Stadtrundfahrten umgebaut wurde.

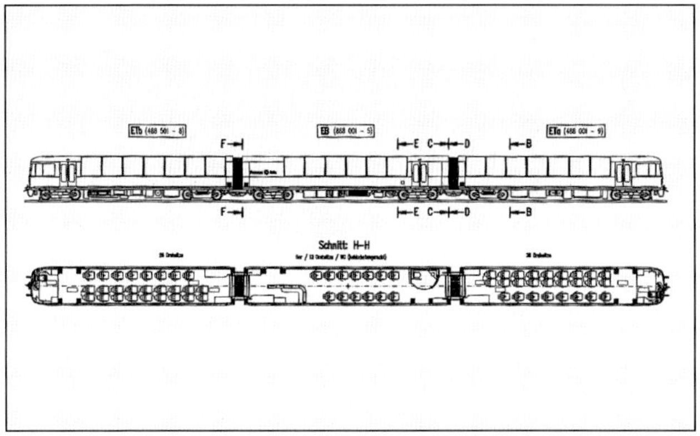

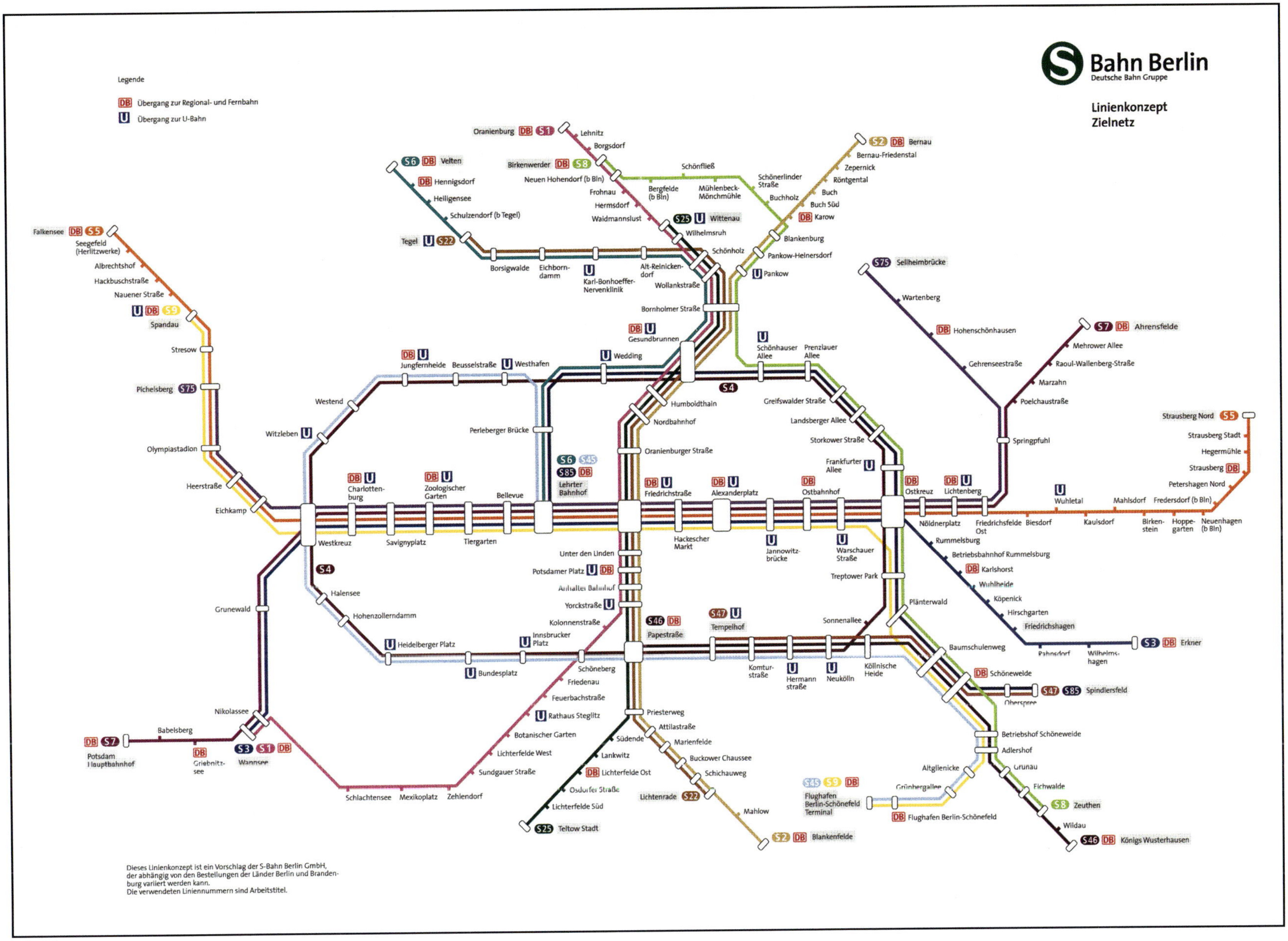

S Bahn Berlin
Deutsche Bahn Gruppe
Linienkonzept
Zielnetz
Legende
DB Übergang zur Regional- und Fernbahn
U Übergang zur U-Bahn
Dieses Linienkonzept ist ein Vorschlag der S-Bahn Berlin GmbH, der abhängig von den Bestellungen der Länder Berlin und Brandenburg variiert werden kann.
Die verwendeten Liniennummern sind Arbeitstitel.

Bahnen im Berliner Regierungsviertel, 2006

Schon vor der Eröffnung des neuen Berliner Hauptbahnhofs für den Eisenbahn-Fernverkehr am 26. Mai 2006 hielten dort die S-Bahn-Züge der Stadtbahnstrecke. Eine ähnlich gute Verbindung für den S-Bahn-Verkehr in Nord-Süd-Richtung oder auch nur vom Hauptbahnhof zum Nordring gibt es noch nicht, denn diese Strecke mit dem Planungsnamen S 21 wird vermutlich nicht vor dem Jahr 2013 fertig. Erste Anschlüsse an den Bahnhöfen Gesundbrunnen und Wedding wurden aber bereits errichtet. Jüngste Verkehrsbaumaßnahme im Berliner Regierungsviertel ist die »Kanzler-U-Bahn«, eine teilweise bereits im Bau befindliche, teilweise auch erst geplante Verlängerung der U-Bahn-Linie U 5 vom Alexanderplatz zum Hauptbahnhof in Berlin, der nun doch nicht mehr »Lehrter Bahnhof« heißt. Das Teilstück zwischen Brandenburger Tor und Hauptbahnhof mit der Station »Bundestag« soll nach seiner Fertigstellung voraussichtlich im Jahre 2007 als Linie U 55 »Ostabschnitt« in Betrieb genommen und später einmal mit dem Rest der Linie U 5 von Hönow zum Alexanderplatz verbunden werden. Der Planausschnitt aus »Berlins S+U-Bahn-Netz« vom 28. Mai 2006 zeigt außerdem einige »Metro-Linien« der BVG. Diese etwas irreführende Bezeichnung wurde den wichtigsten Straßenbahn- und Buslinien in der Bundeshauptstadt beigelegt. Die Werbeaufnahme der Deutschen Bahn vom Sommer 2006 gibt einen Blick auf die südliche Seite des neuen Berliner Hauptbahnhofs wieder, das Bild darunter zeigt die fünf Ebenen der Station.

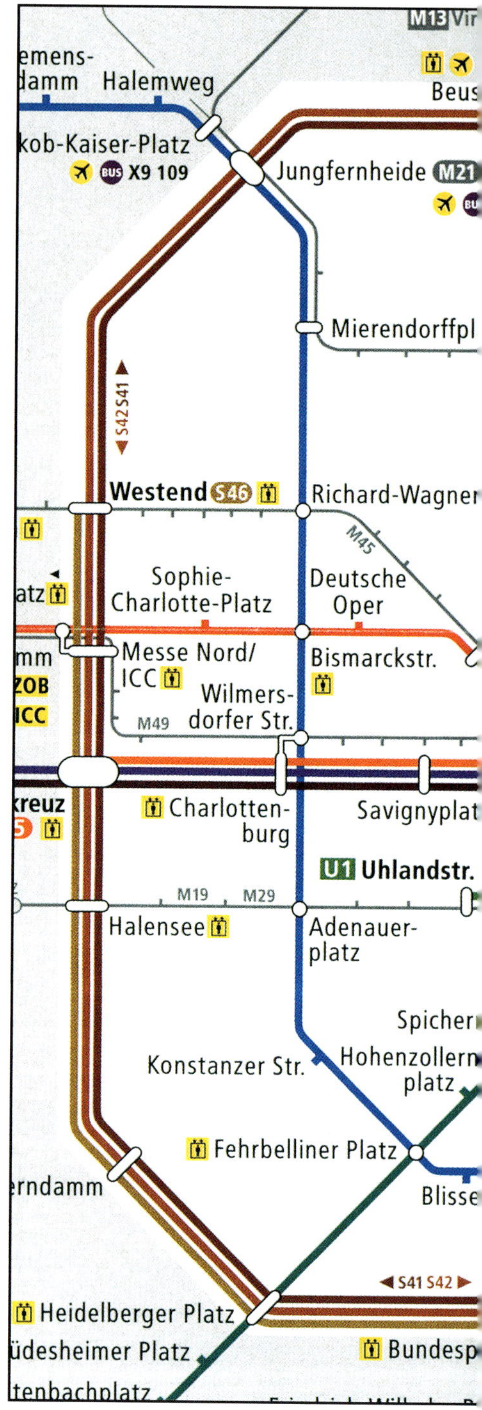

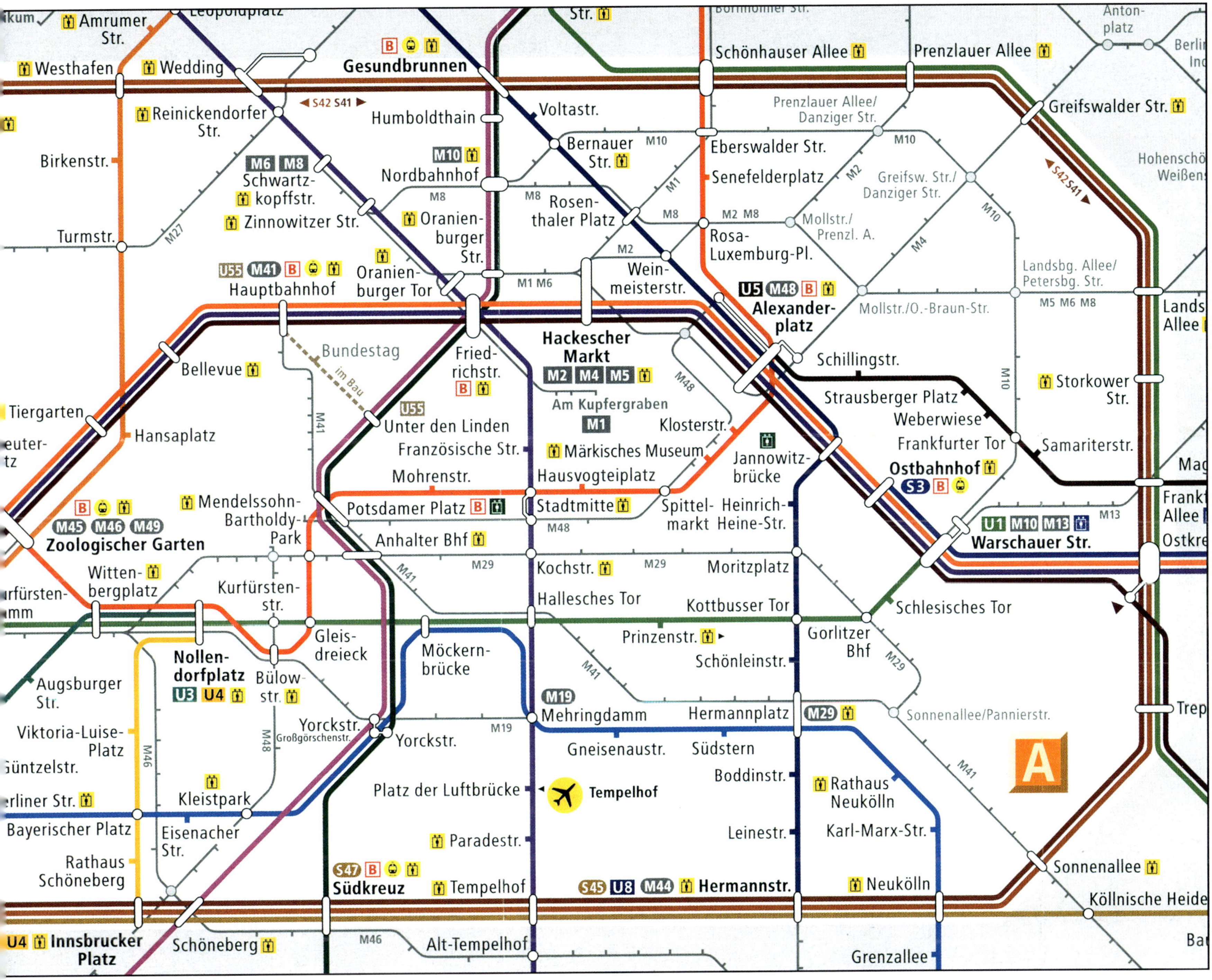

Amrumer Str.
Westhafen
Wedding
Gesundbrunnen
S42 S41
Reinickendorfer Str.
Humboldthain
Voltastr.
Schönhauser Allee
Prenzlauer Allee
Anton-platz
Greifswalder Str.
Prenzlauer Allee/ Danziger Str.
Birkenstr.
M6 M8
Schwartz-kopffstr.
M10
Nordbahnhof
Bernauer Str.
Eberswalder Str.
Senefelderplatz
Greifsw. Str./ Danziger Str.
Zinnowitzer Str.
Oranien-burger Str.
Rosen-thaler Platz
Mollstr./ Prenzl. A.
Turmstr.
Rosa-Luxemburg-Pl.
M27
U55 M41
Hauptbahnhof
Oranien-burger Tor
M1 M6
Wein-meisterstr.
U5 M48
Alexander-platz
Landsbg. Allee/ Petersbg. Str.
Mollstr./O.-Braun-Str.
M5 M6 M8
Bundestag
im Bau
Fried-richstr.
Hackescher Markt
M2 M4 M5
Schillingstr.
Bellevue
Am Kupfergraben
M1
Strausberger Platz
Storkower Str.
Tiergarten
Hansaplatz
U55
Unter den Linden
Klosterstr.
Weberwiese
Französische Str.
Märkisches Museum
Jannowitz-brücke
Frankfurter Tor
Samariterstr.
Mohrenstr.
Hausvogteiplatz
Ostbahnhof
S3
Mendelssohn-Bartholdy-Park
Potsdamer Platz
Stadtmitte
Spittel-markt
Heinrich-Heine-Str.
M45 M46 M49
Zoologischer Garten
M48
U1 M10 M13
Warschauer Str.
Anhalter Bhf
M13
Witten-bergplatz
Kurfürsten-str.
M29
Kochstr.
Moritzplatz
Hallesches Tor
Kottbusser Tor
Schlesisches Tor
Gleis-dreieck
Prinzenstr.
Görlitzer Bhf
Nollen-dorfplatz
U3 U4
Bülow-str.
Möckern-brücke
Schönleinstr.
Augsburger Str.
M19
Mehringdamm
Hermannplatz
M29
Sonnenallee/Pannierstr.
Viktoria-Luise-Platz
Yorckstr.
Großgörschenstr.
Yorckstr.
M19
Gneisenaustr.
Südstern
M46
M48
M41
Boddinstr.
Rathaus Neukölln
Kleistpark
Platz der Luftbrücke
Tempelhof
Bayerischer Platz
Eisenacher Str.
Paradestr.
Leinestr.
Karl-Marx-Str.
Rathaus Schöneberg
S47
Südkreuz
Tempelhof
S45 U8 M44
Hermannstr.
Neukölln
Sonnenallee
Köllnische Heide
U4
Innsbrucker Platz
Schöneberg
M46
Alt-Tempelhof
Grenzallee
A

Rückblick auf Berlins Eisenbahnverkehr im Jahr 1927

Informative Blechschilder wie dieses hingen im Januar 1927 noch in jedem Abteil der Dampfzüge des »Berliner Stadt-, Ring- und Vorortverkehrs«. Sie verkörperten vor mehr als 75 Jahren den Abgesang auf die Zeit der Abteilwagen und der »Stadtbahnlokomotiven« in der alten Reichshauptstadt. Schlecht waren diese noch weitgehend an der Topographie ausgerichteten Karten durchaus nicht, wenn auch Hinweise auf die städtische U-Bahn fehlten. Nachdem die elektrisch betriebene Berliner S-Bahn im Sommer 1928 ihren Betrieb quer durch die ganze Stadt aufgenommen hatte, wurden von der Reichsbahn bald auch modernere, als graphische Kunstwerke angelegte Darstellungen eingeführt, wie sie die Seiten 24 bis 29 in diesem Buch zeigen. Der Vergleich zwischen den einzelnen Kartenskizzen ist es, der dem heutigen Betrachter neue Einsichten in die Geschichte des Berliner Verkehrs ermöglicht.

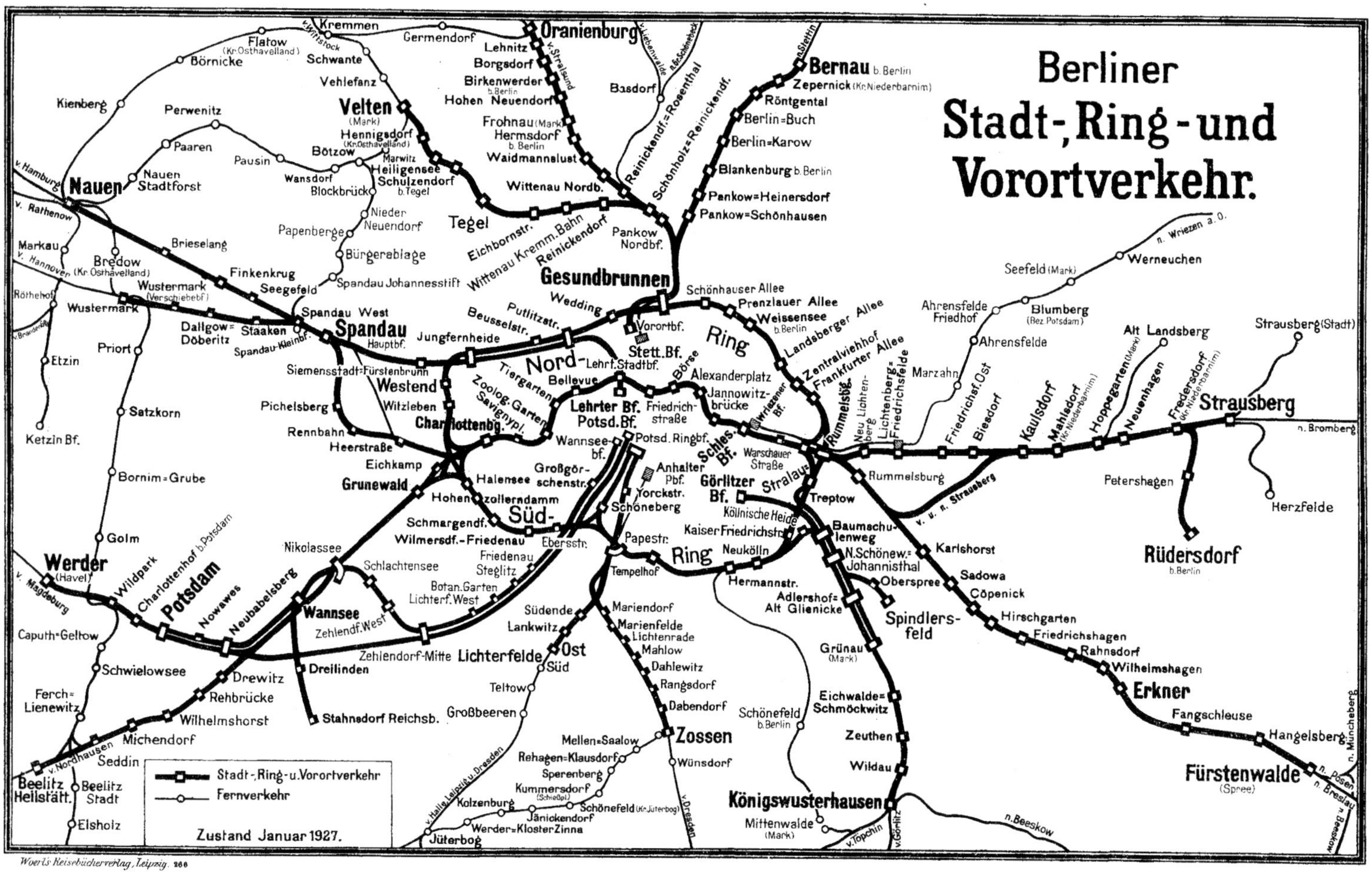

Woerl's Reisebücherverlag, Leipzig. 266

Literaturverzeichnis

Baedeker, Karl: *Berlin und seine Umgebungen.* Leipzig 1889.

Bley, Peter: *Berliner S-Bahn.* Düsseldorf 2003.

Brasser, Fons: *Stillgelegt. Westberliner S-Bahnhöfe in den achtziger Jahren.* Berlin 1997.

Fioretos, Aris (Hg.): *Berlin über und unter der Erde. Alfred Grenander, die U-Bahn und die Kultur der Metropole,* Berlin 2006

Fürst, Artur: *Das Weltreich der Technik. Entwicklung und Gegenwart.* Zweiter Band (Landverkehr), Berlin 1924.

Garland, Ken: *Mr. Beck's Underground Map.* London (England) 1994.

Gottschalk, Wolfgang: *Bahnhöfe in Berlin. Photographien von Max Missmann 1903-1930.* Berlin 1994.

Gottwaldt, Alfred: *Berliner Fernbahnhöfe. Erinnerungen an ihre große Zeit.* Düsseldorf 1991.

–: *Eisenbahn-Zentrum Berlin 1920-1939. Bahnhöfe, Lokomotiven und Züge.* Stuttgart 2005.

Hattig, Susanne, und Reiner Schipporeit: *Großstadt-Durchbruch. Pioniere der Berliner U-Bahn. Photographien um 1900.* Berlin 2002.

Hilkenbach, Sigurd, und Wolfgang Kramer: *Die Straßenbahnen in Berlin.* Düsseldorf 1994

Horn, Roland: *Berlin Hauptbahnhof – Fotografien.* Berlin 2006.

Kiebert, Wolfgang: *Die Berliner S-Bahn 1924 bis heute. Geschichte, Technik, Hintergründe.* Stuttgart 2004.

Kuhlmann, Bernd: *Eisenbahn-Größenwahn in Berlin. Die Planungen von 1933 bis 1945 und deren Realisierung.* Berlin 2005.

–: *Bahnknoten Berlin. Die Entwicklung des Berliner Eisenbahnnetzes von 1838 bis 2006.* Berlin 2006.

Lemke, Ulrich, und Uwe Poppel: *Berliner U-Bahn.* Düsseldorf 1996.

Machel, Wolf-Dietger: *Berliner Schienennahverkehr. Straßenbahn, U-Bahn, S-Bahn, Obus.* München 2004.

Neumann, Peter: *Berlins Bahnhöfe gestern und morgen.* Berlin 2004.

Pierson, Kurt: *Dampfzüge auf Berlins Stadt- und Ringbahn.* Stuttgart 1983.

Preuss, Erich: *Berlin Hauptbahnhof.* Stuttgart 2006.